Kaninchen verstehen leicht gemacht

Lang machen

Ein argloses Kaninchen macht sich lang, streckt die Hinterbeine aus, liegt ruhig atmend, mit offenem Blick und leicht aufgestellten Ohren, im Heu. Völlige Entspanntheit zeigt sich, wenn sich ein Kaninchen auf die Seite schmeißt und ihm langsam die Augen zufallen.

Untergraben

Kaninchen müssen buddeln, es ist ein Grundbedürfnis. Wildkaninchen graben mit ihren Pfoten verzweigte Baue in die Erde. Hauskaninchen brauchen Kisten mit Einstreu, Erde oder Sand, um zu scharren.

Verstecken

Bei Gefahr können sich Kaninchen nicht verteidigen. Was bleibt da außer der Flucht in ein Versteck? Wildkaninchen verschwinden in ihrem Bau. Hauskaninchen suchen den nächsten sicheren Unterschlupf auf.

Putzen

Um sich zu pflegen, setzen sich Kaninchen auf die Hinterkeulen und fahren sich mit den Vorderpfoten durch das ganze Fell. Ihr Gesicht waschen sie mit den Pfötchen, die sie mit der Zunge beleckt haben.

Dauerfuttern

Das Verdauungssystem ist auf ständigen Nachschub an Futter eingestellt. Zwar immer nur in kleinen Portionen, aber ohne größere Unterbrechung. Am liebsten mögen sie frische Gräser und Kräuter.

Erschnuppern

Die Welt erschließt sich Kaninchen vor allem über den Geruchs- und Hörsinn. Alles, was nah ist, wird gründlich von allen Seiten abgeschnuppert, besonders aber die Artgenossen. Was sie da riechen, verrät den Kaninchen genau, wen sie vor sich haben.

Aufreiten

Auch kastrierte Kaninchen zeigen dieses Verhalten, es ist eine Geste der Dominanz, es hat also keineswegs immer mit Fortpflanzung zu tun.

Auseinandersetzen

Bisweilen geht es nicht ohne Streiterei. Dann hoppelt ein Kaninchen auch mal mit angelegten Ohren und brummend auf den Artgenossen zu oder rempelt ihn zur Seite.

Aneinanderkuscheln

Kaninchen liegen gern nah beieinander, vor allem, wenn sie sich gut verstehen. Sie pflegen sich gegenseitig das Fell, aber sie brauchen auch Abstand voneinander.

Inhalt

1

3

2

Kaufen und versorgen

Die wilden Verwandten

Das gibt ein dumpfes Geräusch, das alle Kaninchen alarmiert. Kaninchen sind keine ausdauernden Läufer, sie sind nur auf kurzen Strecken schnell. Bei Gefahr sprinten sie also in die nächstgelegene Röhre.

Sicherheit im Bau

Die Baue haben mehrere Ein- und Ausgänge. Immer ist ein Einschlupf zum Bau in der Nähe. Die Röhren sind eng, und der kleine schlanke Kaninchenkörper passt genau hindurch. Der Bau ist ein verzweigtes System von Gängen, einer führt zum erweiterten Wohnkessel. Und es gibt Fluchtröhren. In den Bau folgt dem Kaninchen kaum ein Feind – außer dem Wiesel und dem

Die Wildkaninchen sind kleine Leichtgewichte.

Auf einer Grünfläche in der Stadt, in der Dünenlandschaft einer Nordseeinsel, am Abhang eines Kanals: Wildkaninchen leben in vielen Gebieten. Wenn dort nur frisches Grün und Büsche wachsen, wenn der Erdboden locker und trocken ist, richten sie sich ein, auch neben vielbefahrenen Straßen.

Bei Gefahr: Abtauchen

Besonders scheu sind Wildkaninchen auf die Entfernung nicht. Sie wissen ganz genau, wie nah ein Feind, Mensch oder Hund, Fuchs oder Katze, herankommen darf, bevor sie sich in Sicherheit bringen. Und Sicherheit bedeutet für Kaninchen der Bau. Sie warnen mit einem Aufstampfen der Hinterpfoten.

Sie leben immer in guter Kaninchengesellschaft.

Iltis. Auch das Frettchen, vom Jäger geschickt, verschwindet in den Tiefen des Baue und selten buddelt sich ein Hund in die Tiefe.

Kaninchen bleiben immer im Umkreis ihrer Baue, sie sind sehr standorttreu. Haben sie sich zu weit entfernt, kann es sein, dass sie den Anschluss verlieren, denn ihr Orientierungsvermögen ist nicht das beste.

Leben in der Kolonie

Ein Wildkaninchen lebt nie allein, sondern zusammen mit Artgenossen in einer Kolonie. Eine Kolonie setzt sich aus mehreren Einzelfamilien zusammen, sie besteht also nicht aus einer einzigen großen Gruppe von Kaninchen. Aber wie bei vielen Tieren, die in Rudeln leben, gibt es eine Rangordnung. Die wird schnell mit Drohungen und kurzen Auseinandersetzungen geklärt, ohne dass ein Tier zu Schaden kommt. Ein Kaninchenpaar steht in dieser Ordnung ganz oben, es hat innerhalb der Kolonie den besten und sichersten Platz: in der Mitte.

Kinderzimmer

Abgelegen von den Wohnbauen wird der Setzbau gegraben, in dem die Kaninchen geboren werden. Der Setzbau ist nicht tief und verzweigt, er besteht aus einer Röhre mit einem Kessel, den die Kaninchenmutter weich mit ausgerupftem Fell auspolstert. Nur einmal am Tag hoppelt sie zu den Jungen, um sie zu säugen. Das verringert die Gefahr, dass sie entdeckt werden. Verlässt die Kaninchenmutter den Bau, verschließt sie den Eingang mit Erde und Pflanzenteilen. Etwa nach drei Wochen kommen die kleinen Kaninchen zum ersten Mal aus dem Dunkel des Baues ans Tageslicht.

Kaninchen sind keine Hasen

Wildkaninchen und Feldhasen gehören zu den sogenannten Hasenartigen. Sie sind nur entfernt miteinander verwandt und zwei völlig verschiedene Tierarten, auch wenn die Kaninchen Stallhasen genannt und die Kleinsten gern als Zwerghäschen verkauft werden. Sie unterscheiden sich nicht nur im Aussehen, sondern auch im Verhalten.

→ *Vergleich Kaninchen und Hasen*

→ Das Kaninchen ...	→ Der Hase ...
... lebt in Gesellschaft	...ist (außer zur Paarungszeit) Einzelgänger
... gräbt tiefe Baue	... buddelt Mulden (Sassen)
... ist ein Nesthocker, die Jungen kommen ohne Fell zur Welt	... ist ein Nestflüchter, die Jungen werden vollständig entwickelt geboren
... rettet sich bei Gefahr in den Bau	... ist ein schnelles Fluchttier
... lässt sich zähmen	... bleibt ein scheues Wildtier

Vom Wildkaninchen zum „Stallhasen"

Vor der Eiszeit waren Kaninchen auch bei uns heimisch, sie zogen sich mit zunehmender Kälte vor den heranrückenden Gletschern bis ins entfernteste Südwesteuropa zurück, auf die Iberische Halbinsel. Da blieben sie, bis sie vor etwa 3000 Jahren entdeckt wurden und damit ihre Verbreitung begann.

Die ersten Tiere wurden in das Römische Reich gebracht. Um das schmackhafte Fleisch stets zur Verfügung zu haben, hielten die Römer Kaninchen in großen Gehegen, den Leporarien. Noch waren Kaninchen nur gefangene Wildtiere, jedoch keine Haustiere.

Verbreitung und Zucht

Von Italien aus kamen Kaninchen zunächst nach Frankreich und England. Im Mittelalter wurden vor allem in Klöstern und an den Höfen zahlreiche Kaninchen gehalten. Nach und nach wurden sie in andere Länder gebracht. Mit dieser Vermehrung und Verbreitung im großen Ausmaß setzte die Domestikation ein: Wildkaninchen wurden zu Haustieren. Dabei entstanden allmählich die Rassen. Neue Fellfarben zeigten sich im 17. Jahrhundert, längeres Fell etwa im 18. Jahrhundert. Eine gezielte Zucht kam gegen Ende des 19. Jahrhunderts auf. Die Standards wurden aufgestellt, nach denen Rassekaninchen ein bestimmtes Aussehen aufweisen müssen. Zwergkaninchenrassen wurden erst ab Mitte des 20. Jahrhunderts gezüchtet.

Immer noch ein bisschen wild

Das Hauskaninchen ist dem Wildkaninchen in seinem Verhalten sehr ähnlich. Ein Merkmal von Haustieren ist die Abnahme der Hirngröße gegenüber dem Wildtier. Beim Kaninchen ist der

Aus dem Wildtier wurde ein zutrauliches Haustier. Widderkaninchen sind neben Zwergen besonders beliebt.

Die Kaninchenzucht begann schon im Mittelalter. Man bemühte sich um große Tiere, die einen rechten Braten abgaben.

Langhaar- und Kurzhaarrassen wurden gezüchtet. Angorakaninchen (rechts) wurden wegen ihres weichen Fells gezüchtet.

Unterschied ganz gering, er beträgt nur etwa zehn Prozent. Das erklärt, warum entwischte Hauskaninchen in kürzester Zeit verwildern und alle Verhaltensweisen von Wildkaninchen bei ihnen vorkommen, auch wenn sie zuvor eingeschränkt in einem kleinen Käfig leben mussten. Sie schließen sich sogar Wildkaninchen an und leben mit ihnen in der Kolonie.

Übrigens: Schon immer haben sich Kaninchen aus den Gehegen in die Freiheit gebuddelt. So kam man darauf, sie auf Inseln zu halten, den Kaninchenwerdern, zum Beispiel auf der Insel im Schweriner See und Berlins Pfaueninsel. Und alle Wildkaninchen, die heute bei uns leben, stammen von Kaninchen ab, die einst aus Gehegen entlaufen sind oder ausgesetzt wurden.

Im Rhythmus der Tageszeiten

Kaninchen haben sich trotz der Domestikation kaum verändert. Auch ihr Lebensrhythmus ist annähernd gleich geblieben: Die Zeiten ihrer Hauptaktivität liegen in den Stunden der Morgen- und Abenddämmerung. Dazwischen legen sie immer wieder Ruhephasen ein, in denen sie nichts anderes tun als dösen. Alles, was das Dasein wilder Kaninchen ausmacht, müssen auch Hauskaninchen ihr Leben lang tun. Baue graben, Revier markieren, sich aufrichten und schnuppern, durch Klopfen warnen, raumgreifend hoppeln, mit schnellen Kehrtwendungen rennen, nagen und mümmeln, sich verstecken, aneinandergekuschelt liegen, sich gegenseitig das Fell pflegen. Das Wichtigste ist, dass sie mit anderen Kaninchen zusammenleben.

> ### → Steckbrief Kaninchen
> → Gewicht von 3 bis 8 Kilogramm
> → Lange, große und aufrecht stehende Ohren, bei Widderkaninchen hängende Ohren
> → Länglicher, walzenförmiger Rumpf
> → Kurzer Hals mit Wamme (Kinnfalte)
> → Länglicher Kopf
> → Kurze Vorderpfoten, lange Hinterpfoten
> → Weiches Fell
> → Kurzer Schwanz

Wildkaninchen haben eine Körperlänge von knapp 30 Zentimeter, sie wiegen bis zu 2 Kilogramm. Das Ziel der ersten Zuchten war bereits, möglichst große Kaninchen zu züchten, weil sie mehr Fleisch lieferten. Kaninchen werden nicht nur wegen ihres Fleisches gezüchtet, sondern auch, wie beim Angorakaninchen, wegen der Wolle und der Felle, vor allem vom Rex- und Fuchskaninchen. Heute gibt es etwa 80 Rassen mit 200 Farbschlägen.

Die Riesenschecken sind eine neuere Züchtung.

Deutsche Riesen sollen schwer, aber nicht fett sein.

Mitbewohner Kaninchen

Aber die großen und mittelgroßen Kaninchenrassen sind nicht als Nutztiere anzusehen! Viele von ihnen eignen sich hervorragend als freundliche Mitbewohner und haben gegenüber den Zwergkaninchen den Vorteil, dass sie nicht so oft an Zahnproblemen leiden. In Zoofachgeschäften werden sie allerdings selten angeboten. Wer ein großes oder mittelgroßes Kaninchen haben möchte, bekommt es fast nur bei Hobbyzüchtern.

Große und mittelgroße Kaninchenrassen

Riesenschecken

So riesig sind sie gar nicht: Riesenschecken wiegen 4,5 bis 5,5 Kilogramm. Erst seit 1980 gibt es sie. Die Scheckung soll möglichst gleichmäßig sein, sie tritt in Schwarz-Weiß, Blau-Weiß oder Rot-Weiß auf und zieht sich über Schnauze, Kopf, Ohren und als Aalstrich über den Rücken. Bauch, Brust und Läufe sind weiß.

Deutsche Riesen

Deutsche Riesenkaninchen sind 70 bis 72 Zentimeter lang und wiegen 7 bis 9 Kilogramm, zu Beginn der Zucht vor 120 Jahren war es nur die Hälfte. Trotz des Gewichts sollen sie einen ausgewogenen Körperbau haben. Die häufigste Fellfarbe ist Grau. Durch eine Kreuzung von Deutschen Riesen mit albinofarbenen (weiß ohne Pigment, rote

Es gibt heute mehr als 80 verschiedene Rassen.
1. Deutscher Widder
2. Weißer Neuseeländer
3. Blauer Wiener
4. Thüringer

Augen) Kaninchen entstand eine weitere Rasse: Weiße Riesen genannt, weiße Kaninchen mit roten oder auch blauen Augen. Gewicht: 5 bis 6 Kilogramm.

Widderkaninchen

Ihren Namen erhielten sie nach der Form ihres leicht gewölbten Kopfes, durch diese sogenannte Ramsnase ähneln sie Schafen. Alle Widderkaninchen haben hängende Ohren. Der Deutsche Widder ist eine große Rasse mit über 5,5 Kilogramm bis zum Höchstgewicht von 9 Kilogramm. Die häufigste Fellfarbe ist Wild-/Hasengrau. Der Meißner Widder ist mit 4,5 bis 5,5 Kilogramm ein mittelgroßes Kaninchen. Bevorzugte Farbschläge: Schwarzsilber und Blausilber.

Neuseeländer

Es gibt Rote und Weiße Neuseeländer. Die Roten haben ein kräftig rötlich schimmerndes Fell und braune Augen.

Sie wiegen von 3 bis 5 Kilogramm, sind also eine mittelgroße Rasse. Die Weißen Neuseeländer sind Albinos. Neuseeländer stammen aus Kalifornien.

Wiener

Weiße, Blaue, Graue, Blaugraue und Schwarze Wienerkaninchen gibt es. Am häufigsten sind die Weißen mit reinweißem Fell und blauen Augen, 4 bis 5 Kilogramm schwer, mit einem leichten Körperbau. Das Fell der Blauen Wiener soll wirklich blau, nicht grau sein. Sie können bis 5,25 Kilogramm wiegen. Graue Wiener sind kleiner, sie bringen es nur auf 2,5 Kilogramm. Ihr Fell ist wildgrau.

Thüringer

Thüringerkaninchen haben eine auffallende Fellfarbe: gelbrote Decke mit schwarzbraunem Schleier durch dunkle Stichhaare. Sie wiegen mindestens 2,5 und höchstens 4,25 Kilogramm.

Kennenlernen und Vertrauen

Tiere mit Charakter

Kaninchen sind Charaktertiere. In ihrer Art sind sie Katzen nicht unähnlich: Sie haben ihren eigenen Kopf. Werden Kaninchen von Anfang an mit Respekt und Rücksicht behandelt, schließen sie sich ihrem Menschen freiwillig an; sie gehören zu den Tieren, die von sich aus kommen und ihre Zuneigung, zumindest jedoch ihr Vertrauen zeigen.

Langsame Annäherung

Ohne Zwang und mit Geduld wird das Vertrauen am besten aufgebaut und am sichersten gefestigt. Jede Annäherung beginnt deshalb ganz langsam, und das gilt nicht nur für die erste Zeit des Zusammenlebens. Einem Kaninchen wird ein Leben lang immer zuerst die

Hand zum Schnuppern hingehalten. Das ist Begrüßung auf Kaninchenart. Anders als Zwergkaninchen kann man die großen und mittelgroßen Rassen schon ihrer Größe und ihres Gewichts wegen nicht mal eben schnell auf den Arm nehmen. Andererseits sind sie nicht ganz so lebhaft.

Ob groß oder klein: Jedes Kaninchen soll zunächst zutraulich werden, und dabei ist es am wichtigsten, dass der Mensch auf seine neuen Mitbewohner ganz liebevoll zugeht.

Kaninchen richtig hochheben

Kaninchen werden nicht sehr gern hochgenommen. Bitte nicht an den empfindlichen Ohren hochheben und nie den Brustkorb des Kaninchens mit

Kaninchen werden zutraulich und anschmiegsam, wenn sie freundlich und artgerecht behandelt werden.

beiden Händen umfassen, das kann im schlimmsten Fall zu Rippenverletzungen und Lungenquetschungen führen. Eine Hand fasst sicher und zugleich behutsam ins Nackenfell, sofort greift die andere unter das Hinterteil zum Abstützen. Eine andere Möglichkeit: Setzen Sie das Kaninchen auf ein Tuch und greifen Sie das Tuch an den Seiten.

Kaninchen und Kinder

Sind die großen Kaninchen für Kinder geeignet? Es ist wie bei jedem Tier: Ja, wenn die Eltern sich in der Verantwortung sehen. Sie sind immer Vorbild. Kaninchen sind Familienmitglieder, sie sollten nie allein dem Kind gehören. Unter anderem aus diesem Grund werden sie auch nicht im Kinderzimmer untergebracht.
Ein Kaninchen sollte nur auf Bodenhöhe auf den Arm genommen werden, auch von Erwachsenen. Für Kinder kann ein ausgewachsenes Kaninchen zu schwer werden, vor allem, wenn es sich auch noch sträubt und zappelt. Aber zutrauliche Kaninchen, die gern gestreichelt werden, werden von sich aus herkommen, wenn man sich zu ihnen auf den Boden hockt. Sie springen auch aufs Sofa und legen sich neben die ihnen vertrauten Menschen. Es ist im Grunde ganz einfach: Das Kaninchen bestimmt die Regeln.

Drei Freunde sollt ihr sein

Kaninchen sollten immer mindestens zu zweit gehalten werden. Wird es allein gehalten, ist das für das Tier eine Qual. Es wird sich immer einsam fühlen, egal wie viel Zeit der Mensch aufbringt. Ein Meerschweinchen ist auch kein passender Ersatz für einen Kaninchenpartner. Die beiden Tierarten haben nichts miteinander zu tun.

Mindestens zwei Kaninchen gehören zusammen, noch besser sind jedoch drei. Bei drei Kaninchen geht es dynamischer zu, denn in einer kleinen Gruppe von drei Kaninchen werden zwischenzeitliche Unverträglichkeiten besser verteilt.

Test

Passen Kaninchen zu mir?

Die folgenden Fragen sollten Sie in Ruhe bedenken und nach bestem Wissen und Gewissen beantworten.

☐ **Ich möchte, dass meine Kaninchen richtig mit mir/uns zusammenleben.**

☐ **Ich habe jeden Tag Zeit und vor allem Lust, mich mit den Kaninchen zu beschäftigen, ansonsten übernimmt es ein anderes Familienmitglied.**

☐ **Die Kaninchen haben ausreichend Platz zur Verfügung (Seiten 18, 58).**

☐ **Mir ist klar, wie hoch die Kosten für Käfig, Freigehege, Ausstattung, Einstreu, Futter, Spielzeug und Tierarzt sind, und ich kann sie aufbringen.**

☐ **Ich habe keine Allergien; wenn ja, habe ich mich speziell auf Kaninchen testen lassen.**

☐ **Ich weiß, wer die Kaninchen übernimmt und versorgt, wenn ich verreise.**

☐ **Und das gilt auch noch für die nächsten 8 bis 12 Jahre...**

Haben Sie alle Fragen mit „Ja" beantwortet?
Prima, dann sind Sie reif für die Kaninchen.

Zusammenleben nach Kaninchenart

Streit gehört bei Kaninchen auch zum Zusammenleben dazu.

Bei Kaninchen geht es nicht immer friedlich zu.

Kaninchen sind sozial lebende Tiere. Eine Gruppe von Kaninchen zu beobachten, zu sehen, wie sich die Tiere miteinander beschäftigen, wie sie spielen oder auch mal streiten, wie sie sich gegenseitig freundlich das Fell pflegen, ist nicht nur interessant, sondern macht auch viel Spaß.

Zwei Häsinnen, ein Rammler

Der Dreierpack ist die günstigste Gruppe. Ein Männchen wirkt auf die Weibchen ausgleichend, sorgt bei Streitigkeiten für Schlichtung. Bei dieser Zusammensetzung sollten alle drei kastriert sein, auch die Häsinnen, und zwar diese zuerst. Warum? In der Zeit, in der der frisch kastrierte Rammler isoliert werden muss, kann es zwischen den Weibchen zu Dauerstreit

kommen. Wird dann der Rammler in die Gruppe gesetzt, hat sich sein Geruch durch die Kastration verändert, sodass die Häsinnen ihn womöglich nicht mehr ernst nehmen. Damit wäre sein Einsatz als Schlichter vergeblich. (Mehr zur Kastration: Seite 46/47)

Eine Häsin, ein Rammler

Ein kastrierter Rammler und eine unkastrierte Häsin: Das kann bei einem angriffslustigen Weibchen für das Männchen sehr stressig werden, und zwar ständig! Die Kastration des Weibchens ist also auch bei dieser Kombination zu empfehlen. Ist das Weibchen unkastriert sehr friedlich, geht es durchaus gut. Doch das lässt sich erst feststellen, wenn es ausgewachsen ist. Der Rammler muss in jedem Fall kastriert sein.

Zwei Häsinnen oder zwei Böcke?

Bei zwei unkastrierten Häsinnen kehrt selten Ruhe ein: Eine verhält sich immer dominant, die andere ist immer unterlegen. Auch wenn es nach freundlicher gegenseitiger Fellpflege aussieht, ist das unterlegene Weibchen selten entspannt, und die Stimmung kann jederzeit umschlagen.

Die Haltung von zwei – und auch mehr – Kaninchenböcken kann durchaus gut gehen. Sie vertragen sich jedoch nur, wenn alle kastriert sind, am besten bei einer Frühkastration, und ihnen ein artgerechtes, großes Gehege zur Verfügung steht.

Vergesellschaftung

Kaninchen, die sich nicht kennen, dürfen nicht einfach zusammengesetzt werden. Das führt zu Streitereien, bei denen die Tiere sich sogar schwer verletzen können. Leider muss eine Auseinandersetzung stattfinden, denn ohne Festlegung einer Rangordnung geht es bei Kaninchen nicht. So funktioniert die Vergesellschaftung:

→ Voraussetzung: Sie brauchen Geduld und starke Nerven!

→ Die ersten Begegnungen finden nicht im Revier eines Kaninchens statt, sondern auf neutralem Gebiet.

→ Es gibt dort jede Menge Platz für die Tiere zum Ausweichen, Verstecken und Flüchten.

→ Die Kaninchen sollten etwa gleich alt und gleich groß sein.

→ Mit verteiltem Futter, frischen Zweigen und Heubündeln sowie Tunneln, Brücken und Kartons sorgen Sie für Ablenkung, Beschäftigung und Versteckmöglichkeiten.

→ Gibt es Zoff, sollten Sie nicht gleich dazwischengehen. Trennen Sie die Kaninchen nicht, auch nicht bei Kratzern, fliegenden Fellbüscheln oder einem eingerissenen Ohr.

→ Auch wenn alles geklärt scheint, sollten Sie die Tiere über einen langen Zeitraum beobachten, und das jeden Tag über Wochen und Monate. Jedes Kaninchen muss in Ruhe fressen, sich putzen, zurückzuziehen und schlafen können.

→ Trennen Sie die Tiere nur, wenn ein Kaninchen ständig und lang gemobbt wird, keine Ruhe mehr findet und sich nicht mehr zu rühren wagt sowie bei Verletzungen, die behandelt werden müssen. (Siehe auch Seite 57.)

Erst schnuppern, dann stupsen und anschließend putzen. Beim Kennenlernen entstehen Freundschaften.

Zimmer mit Aussicht
Mehr Platz für Kaninchen

Kaninchen sind Kontakt- und Distanztiere zugleich, sie liegen zwar gern eng beieinander, doch hin und wieder halten sie Abstand. Sie brauchen also Platz, so viel, wie ihnen selbst der geräumigste Käfig nicht bieten kann. Sie müssen rennen, Haken schlagen, buddeln, hoppeln und Sprünge machen. Für drei Tiere kommt man auf eine Fläche von sechs Quadratmeter, für zwei auf fünf. Kaninchen würden am liebsten in einer kleinen Gruppe in ein artgerechtes Freigehege ziehen. (Seiten 60/61)

Home, sweet home – Käfig als Rückzugsort

Es gibt im Handel keinen Käfig, der groß genug für das Platzbedürfnis von Kaninchen ist. Daher bleibt die Möglichkeit, an den Käfig einen Auslauf anzuschließen. Es sollte dennoch immer der größte Käfig sein oder ein Käfig, der über zwei Etagen geht, oder ein doppelstöckiges Holzgehege, das es auch mit Luxusaufteilung gibt. Auf den Käfigboden kommt eine Schicht Einstreu. Für die übliche Kleintierstreu sind größere Kaninchen zu schwer, sie fliegt herum oder rutscht unter ihnen weg. Geeignet sind Strohpellets oder Rindeneinstreu, zusätzlich stabilisiert, indem Stroh und kurze, weiche Birkenzweige untergemischt werden.
Die Käfigtür ist immer geöffnet. Der Auslauf darf nicht nur stundenweise nutzbar sein. Vom Käfig aus führt eine stabile Rampe, etwa aus Backsteinen, in den Auslauf.

Zusammenrücken und Ausweichen ist Kaninchenart.

Ein großes Zimmergehege mit mehreren Etagen und viel Hoppelfläche.

My home is my castle: Rückzugsorte sind besonders wichtig.

Spielplatz und Hoppelpiste – der Auslauf

Der Bereich, der als Auslauf an den Käfig grenzt, muss kaninchengerecht gestaltet werden. Wenn der Untergrund kalt oder rutschig ist oder aus einem Teppich mit Schlaufen besteht, wird er mit Baumwolltüchern oder Flickenteppichen ausgelegt. Davon brauchen Sie eine zweite Garnitur für den wöchentlichen Wechsel. Im Auslauf kann Einstreu verteilt werden. Es gibt viele Sorten im Fachhandel, etwa die Variante Heideboden oder Rindeneinstreu. Der Auslauf wird abwechslungsreich eingerichtet (Seiten 21, 59). Abgesichert wird zum Beispiel mit einem Gitter oder Holzzaun (Eigenbau oder Fertigelemente), jedoch nicht mit einer blickdichten Platte.

Gefahrenfrei leben

Kaninchen können sehr gut – nicht anders als ein Hund oder eine Katze – im Haushalt mit den Menschen leben und an ihrem Leben teilhaben, wenn sie von Käfig und Auslauf aus Zugang in ein Zimmer und sogar die ganze Wohnung haben. Der Mensch muss nur lernen, sich behutsam zu bewegen und auf die Sicherheit der Tiere zu achten. Hier drohen folgende Gefahren:

Kabel, giftige Zimmerpflanzen, Abstürze nach Kletterpartien oder durch instabile Einrichtung, umstürzende schwere Gegenstände, Türen, die zu schnell geöffnet oder geschlossen werden, Einklemmen in Verstecken. Die Unterbringung im gesicherten Auslauf ist immer angebracht, wenn die Kaninchen allein zu Haus sind.

Gemütliches Plätzchen

Der Käfig sollte am besten in einer Zimmerecke stehen, dadurch ergibt sich gleich ein ruhiger Rückzugsort. Der angrenzende Auslauf erweitert die Ecke so, dass ein ganzer Bereich des Zimmers abgeteilt ist. Dieser Bereich liegt nicht in der prallen Sonne oder im Durchzug. Das Zimmer sollte ruhig, aber nicht einsam sein, denn sie wollen ja mit Ihnen zusammenleben.

> ### → Giftige Zimmerpflanzen
> Agave, Aloe, Alpenveilchen, Amaryllis, Azaleen, Chrysanthemen, Christusdorn, Clivie, Dieffenbachie, Efeu, Efeutute, Farne, Feigenbaum (Ficus), Flamingoblume, Geranien, Hakenlilien, Hortensien, Hyazinthen, Kalla, Krokus, Lavendelheide, Lupinen, Mahonie, Maiglöckchen, Mittagsblume, Myrte, Narzissen, Oleander, Osterglocken, Passionsblume, Porzellanblume, Primeln, Wandelröschen, Weihnachtsstern, Wolfsmilchgewächse, Zimmerkalla.

Wohlfühlheime für Langohren

Der Käfig und auch der angrenzende Auslauf sind schon eingerichtet, wenn die Kaninchen kommen. Alles sollte fertig sein, damit so wenig Unruhe wie möglich in der Nähe der Kaninchen verbreitet wird, und damit sie gleich anfangen können, ihre nähere und weitere Umgebung zu erkunden. Wie sieht die Ausstattung von Käfig und Freilauf aus?

Träum schön!
Dein Schlafhäuschen

Jedes Kaninchen braucht seine eigene Hütte. Die muss so groß sein, dass darin auch Platz für ein zweites Kaninchen ist und sich beide ohne Verrenkungen drehen und wenden können. Sollte eine zweite Tür vorhanden sein, muss die Hütte in einer Ecke einen Rückzugsort oder noch besser einen abgetrennten Bereich haben, quasi zwei Zimmer. Ein Fenster ist völlig überflüssig, da die Kaninchen in der

Hütte gerade die Dunkelheit suchen. Die Hütte hat keinen Boden, sie wird auf die Einstreu gestellt, mit einer weichen Schicht Stroh und Heu als Untergrund. Wenn sie ein Flachdach hat, dient es gleich als kleiner Aussichtspunkt. Die Hütten stehen im Käfig, nicht im Auslauf.

Gedeckter Tisch – Futter- und Wassernäpfe

Für Futter und Wasser brauchen Kaninchen je einen Napf. Die Näpfe müssen für die großen und mittelgroßen Rassen besonders standfest sein, am besten eignen sich Keramiknäpfe mit einem nach innen gebogenen Rand. Sie werden auf einen erhöhten Platz gestellt. Bei drei Kaninchen sind jeweils zwei Näpfe für Trocken- und Frischfutter zu empfehlen und ein größerer Wassernapf. Da Kaninchen auch Tautropfen von Gräsern lecken, ist gegen eine zusätzliche Trinkflasche

Zur passenden Inneneinrichtung gehören Häuschen, Heu, Futternäpfe und Spielplätze.

Die Grundausstattung: Schlafhäuschen und Futternäpfe.

(Nipptränke) nichts einzuwenden. Sie wird jeden Tag frisch aufgefüllt und gründlich gereinigt, einschließlich des Trinkröhrchens. Ansonsten sammeln sich Futterreste vom Kaninchenmaul am Röhrchen, und in der Flasche siedeln sich Bakterien an.

Es ist angerichtet! Heu aus der Raufe

Das Heu können Sie in einem aufgeschichteten Haufen in eine Ecke legen oder in eine Raufe füllen. Raufen gibt es aus Metall zum Einhängen oder aus Holz zum Aufstellen. Achten Sie darauf, dass sich die Kaninchen nicht zwischen den Stangen der Raufe einklemmen oder dass sie in die Raufe hineinspringen. Ein Kistchen, ein Weidenkorb oder ein Karton, mit Heu gefüllt, ist ebenso gut zu nutzen wie eine Raufe. Heu muss immer in ausreichendem Maß zur Verfügung stehen.

Stilles Örtchen

Wildkaninchen haben erkennbare Plätze, an denen sie ihre kleinen runden Kotpillen absetzen. Manche Hauskaninchen machen das ebenso. Stellen Sie an diesem Platz, etwas in der Einstreu versenkt, eine gut auswaschbare und fest stehende größere Schale auf, gut wäre zum Beispiel eine ausgediente Auflaufform. Füllen Sie diese mit einem Teil frischer und einem kleinen Teil verschmutzter Einstreu. Kaninchen können durchaus stubenrein werden, und mit der Zeit werden sie dann hoffentlich merken, was sie hier gut erledigen können. Üben Sie sich in Geduld. Säubern Sie die Schale etwa jeden zweiten Tag, doch denken Sie daran, einen Rest von der verschmutzten Einstreu zu belassen, damit immer etwas vom Geruch bleibt.

Das gehört dazu: Frisches Heu und Spielplätze.

Hoppel- und Spielparadies

Stellen Sie nicht zu viel in den Auslauf, damit die Kaninchen genügend Renn- und Hoppelfläche haben. Tauschen Sie lieber ab und zu etwas gegen Neues aus. Eine Röhre, ein erhöhter Platz, etwa ein kleiner Strohballen oder eine Baumscheibe, und aufgeschichtetes Gestrüpp aus Zweigen sind beliebte Einrichtungsgegenstände bei Kaninchen. Eine sehr große Schale, Wanne oder Kiste mit Buddelmaterial gehört unbedingt dazu. Ist der Auslauf richtig groß, mehr als sechs Quadratmeter, ist auch noch Platz für einen Spieltunnel, für Hängematten und für einen Katzenbaum mit einer Kuschelhöhle und Liegemulde auf der ersten Etage. Höher sollte er jedoch nicht sein.

Kaninchen wollen dazugehören und dabeisein.

Kaninchen bei sich aufzunehmen, ist eine Entscheidung, die gut überlegt sein will. Kaninchen sind nicht so leicht zu halten, wie das manchmal dargestellt wird. Sie brauchen viel Platz, man muss sich um sie kümmern und sich mit ihnen beschäftigen, regelmäßig zum Tierarzt gehen, den Käfig häufig säubern, wobei der Arbeitsaufwand keineswegs gering ist. Alles muss stimmen, damit die Tiere wirklich artgemäß leben können – für etwa zehn Jahre, die sie vor sich haben. Kaninchen sind Familienmitglieder, alle müssen mit ihnen einverstanden sein.

Das spricht gegen eine Anschaffung, nur weil Kinder quengeln, aus Mitleid oder weil es gerade irgendwo so süße kleine Tierchen gibt. Kurz: keine Spontankäufe. Und wo gibt es Kaninchen?

Ein Zuhause schenken

Vieles spricht dafür, zuerst im Tierheim Ausschau nach Kaninchen zu halten. Da warten liebenswerte Tiere, die nur abgegeben wurden, weil vor dem Kauf nicht alles gründlich bedacht wurde. Wer ältere Kaninchen aufnimmt, gibt den Tieren eine zweite Chance. Sie sind zudem tierärztlich betreut, kastriert und geimpft. Wenn Sie gleich zwei oder drei Kaninchen übernehmen, kennen sich die Tiere bereits. Was nicht heißt, dass sie nicht im neuen Zuhause die Rangordnung erneut klären müssen.

In Zoohandlungen finden Sie fast nur Zwergkaninchen oder mittelgroße Kaninchen. Eine andere Möglichkeit ist, Kaninchen vom Züchter zu kaufen. Bei Zuchtvereinen erfahren Sie, wer gerade Würfe hat und Kaninchen abgibt. Manchmal sind es Rassetiere aus einem großen Wurf, manchmal Rassekaninchen, die nicht ganz den Vorstellungen des Züchters entsprechen. Auch Hobbyzüchter, die keinem Verein angeschlossen sind, oder Kaninchenfreunde, bei denen es geplant oder ungeplant einen Wurf gegeben hat, suchen Abnehmer.

Der erste Eindruck zählt

Sehen Sie sich genau um. Kaufen Sie keine Tiere, die unter schlechten Bedingungen gehalten werden, denn dadurch werden solche Händler/Züchter nur noch unterstützt. Haben die Kaninchen ausreichend Platz? Ist alles sauber, die Näpfe, die Einstreu, die Einrichtung? Duftet es nach Heu? Haben die Kaninchen Hütten? Tageslicht? Sind Tiere, die älter als zehn Wochen sind, nach Geschlechtern getrennt untergebracht? Oder sind die Rammler bereits kastriert, wie das in Tierheimen fast immer der Fall ist? Und werden die Kaninchen nicht zu jung abgegeben?

Junge Hüpfer

Junge Kaninchen sollten mindestens zehn Wochen lang mit der Mutter und den Geschwistern aus dem Wurf zusammen sein, bevor sie abgegeben werden. Gerade die großen Rassen

brauchen diese Zeit, zum einen für eine gesunde Entwicklung, sie sind dann nicht so anfällig, zum anderen, um Kaninchenverhalten in der ganzen Bandbreite, vor allem das Sozialverhalten, zu lernen. Im Alter von acht bis zehn Wochen fangen sie dann auch an, alles zu fressen.

Schnell nach Hause

Kaufen Sie eine große Transportbox. Sie werden Sie brauchen, wenn Sie zum Tierarzt gehen oder die Kaninchen während des Urlaubs zu Freunden gebracht werden. Sie wird weich mit Tüchern ausgepolstert und mit einer Handvoll Heu versehen. Dann geht es schnell nach Hause.

Gesunde Kaninchen   Check

Nehmen Sie sich Zeit für einen gründlichen Check:
→ Die Kaninchen sind weder mager bis knochig noch zu dick. Fühlen Sie nach: Der Kaninchenkörper ist rundlich, aber stramm, der Bauch ist weich und nicht aufgebläht.
→ Die Augen sind dunkel, klar und weit geöffnet, die Lider sauber und trocken.
→ Die Ohren sind trocken, sauber und geruchlos. Heben Sie bei Widderkaninchen die Ohren an!
→ Die Nase ist in Bewegung, trocken und sauber.
→ Die Lippen sind weich und trocken, die Zähne stehen gerade und sind gleich lang.
→ Das Fell ist weich und glänzt matt. Fahren Sie gegen den Strich darüber: Die Haut ist sauber, ohne kahle, gerötete oder verkrustete Stellen.
→ Das Hinterteil ist sauber und trocken, nicht verklebt oder verfärbt, es sind keine Kotspuren zu sehen.
→ Die Kaninchen putzen sich, beschäftigen sich miteinander oder liegen entspannt, sie fressen ohne Schwierigkeiten.
→ Sie sind munter und bewegen sich leicht und wendig, strecken sich, sitzen nicht gekrümmt, der Schwanz ist aufgerichtet, die befellten Unterseiten der Pfoten sind sauber.
→ Die Kaninchen riechen angenehm.

Freundschaft schließen

Sei lieb zu ihnen

Die Kaninchen wollen sich wohlfühlen, und alle in der Familie müssen sie mögen. Dann werden sie zutraulich und schließen sich gern dem Menschen an – am liebsten dem, der am freundlichsten zu ihnen ist.

Zeit zum Kennenlernen

Wenn die Kaninchen zu Hause angekommen sind, müssen sie sich in Ruhe orientieren: Wo sind sie überhaupt gelandet? Zur Eingewöhnung lässt du sie erst mal ganz in Ruhe und beobachtest sie nur. Bleib in Augenhöhe mit ihnen ganz still an ihrem Käfig oder Gehege sitzen und erzähl ihnen etwas. Sprich leise mit ihnen.

Bestechungsversuche

Nach einigen Tagen hoppeln sie vielleicht schon nicht mehr davon, wenn du dich ihnen näherst. Dann könnten sie sich bald über Futter freuen, das du ihnen mitbringst. Halte es ihnen in der offenen Hand hin und bewege dich nicht. Sei geduldig.

Aus der Hand gefressen

Wenn du das jeden Tag einige Male machst und dabei lange ausharrst, kommen sie irgendwann heran und holen sich das Futter. Das kann länger dauern, als du vermutet hast, und jedes Kaninchen ist anders. Bei einigen dauert es vielleicht nur fünf, sechs Tage, bei anderen kann es fünf, sechs Wochen dauern.

Schnupper mal

Hast du es geschafft, dass sie dir Futter aus der Hand nehmen und es in aller Ruhe auffressen, kannst du versuchen, sie zu streicheln. Zuerst hältst du ihnen deine Hand vor die Nase und lässt sie schnuppern. So werden Kaninchen begrüßt.

Annäherungsversuche

Ganz vorsichtig kannst du anfangen, die Kaninchen zu streicheln. Auch dabei nähert sich deine Hand langsam von vorn oder von der Seite. Streichle zuerst mit einem Finger am Köpfchen, manche Kaninchen werden gern unter dem Kinn gekrault, andere lieber an den Flanken. Das findest du mit der Zeit heraus.

Auf den Schoß gehüpft

Wenn die Kaninchen es genießen, gestreichelt zu werden, setz dich zu ihnen in den Auslauf oder ins Gehege und lock sie heran. Zutrauliche Kaninchen kommen von selbst und springen auf den Schoß. Halte sie nicht fest, wenn sie bei dir sitzen. Sie müssen weghoppeln können, wenn sie nicht mehr gestreichelt werden wollen.

Grundausstattung für Kaninchen

Wohnen

Die Kaninchenwohnung

Der größte Käfig, ein Käfig über zwei Etagen oder ein handelsübliches Freigehege sind gerade gut genug. Doch allein damit kommen Kaninchen nicht aus. Der Käfig ist nur als Rückzugsort gedacht, in dem das grundlegende Zubehör steht, Hütten, Näpfe und Klo. Dazu gehört, unmittelbar angrenzend, der Auslauf. Zu erreichen ist er über eine stabile breite Rampe. Abgesichert wird er in einer Zimmerecke mit einem Gitter oder einem Holzzaun.

Gemütliche Schlafhäuschen

Für jedes Kaninchen steht ein Häuschen zur Verfügung. Ohne Fenster, mit Ein- und Ausgang und möglichst abgeteiltem Schlafbereich. Die Hütten müssen so groß sein, dass auch zwei Kaninchen hineinpassen und beide genügend Bewegungsfreiheit haben: Sie müssen sich im Inneren der Hütte ausstrecken und ohne Schwierigkeiten herumdrehen können. Ein Flachdach bietet ihnen zugleich einen guten Aussichtspunkt. Die Hütten müssen im Käfig nicht am Rand stehen.

Einkaufs-Checkliste

- → Transportbox
- → Großer Käfig
- → Gehegeabsperrung (Gitter oder Zaunelemente)
- → Einstreu
- → Heuraufe oder Kistchen
- → Schlafhütte für jedes Kaninchen
- → Futternäpfe
- → Wassernapf und Trinkflasche (Nipptränke)
- → Kaninchentoilette
- → Einrichtung für den Auslauf
- → Futter: Heu Gräser und Kräuter Gemüse Obst Trockenfutter

Ausstattung

Futternäpfe und Trinkgefäße

Zwei oder drei Kaninchen brauchen zwei Näpfe
für Trockenfutter (zum Beispiel getrocknete
Kräuter), zwei für Frischfutter (Gemüse und
Obst) und einen Wassernapf. Die Näpfe stehen am besten an einer erhöhten Stelle, etwa
auf einem großen flachen Stein, und in einer
Ecke des Käfigs. Heu, das immer zur Verfügung steht, wird in
eine Raufe oder
Kiste gefüllt oder
im Käfig an einer
Stelle zu einem
Heuhaufen auf-
geschichtet.

Stilles und stabiles Örtchen

Kaninchen lösen sich oft nur wenige Schritte
neben der Stelle, an der sie auch fressen. In
der Nähe des Futterplatzes wird die Kaninchentoilette aufgestellt. Die fertig zu kaufenden
aus Kunststoff sind für die Kaninchen der
großen Rassen oft zu leicht und rutschen weg,
besser geeignet sind standfeste, viereckige
Schalen, etwa aus Keramik.

Ein bisschen Styling

Kaninchen putzen sich selbst, sie müssen nicht gebürstet oder gekämmt
werden – nur wenn sie es gern mögen!
Mit einer weichen Bürste, etwa für
Babys, geht das am besten.

Abenteuerspielplatz

Zum Verstecken brauchen Kaninchen Röhren,
Tunnel, umgedrehte Kartons oder Kisten mit
Eingang, außerdem hätten sie im Freilaufbe-
reich noch gern eine Buddelkiste, einen erhöhten Platz (kleiner Strohballen, Baumstumpf,
Katzenkratzbaum mit einer Ebene). Zudem
brauchen sie ausreichend Platz zum Hoppeln
und um miteinander zu spielen.

Auf Reisen

Für die Wege zum Tierarzt oder andere Gele-
genheiten, etwa wenn Kaninchen in die Som-
merfrische mitkommen, brauchen sie eine
Transportbox. Wenn sie so groß ist, dass alle
Kaninchen darin Platz finden, muss es eine
Box für Hunde sein. Gerade auf dem Weg zum
Tierarzt sollte ein Kaninchen nicht allein sein.

2

Ernähren und pflegen

Warum Kaninchen ständig fressen

Wo Wildkaninchen wohnen, gibt es keine Körner und Pellets. Dort wachsen Wildgräser aller Arten mit frischen Spitzen, Rispen, Wurzeln, verschiedene Wildkräuter und Büsche mit Zweigen und zarten Knospen und nahrhafter Rinde. Hauskaninchen mögen am liebsten das, was auch die wilden Verwandten fressen, mit Gemüse und Obst kann ihr Speiseplan jedoch noch ein bisschen angereichert werden.

Feine Kräuter und Gräser sind sehr beliebt.

Lauter kleine Häppchen

Durch Wildgräser und -kräuter, frisch und getrocknet, sowie durch Zweige enthält die Nahrung der Kaninchen viel Zellulose. Damit alles an dieser rohfaserreichen Nahrung aufgeschlossen und genutzt werden kann, haben Kaninchen eine besondere Verdauung. Sie haben einen kleinen Magen, können also nur wenig Futter auf einmal aufnehmen. Etwa 80-mal am Tag nehmen sie Futter in kleinen Portionen zu sich. Die Darmbewegung ist gering, der Nahrungsbrei bewegt sich nur durch Nachschieben von oben Richtung Ausgang. Auf dem Weg wird er durch Bakterien aufgeschlossen. Diese Vorgänge dürfen nicht dadurch unterbrochen werden, dass der Futternachschub ausbleibt. So erklärt sich, warum Kaninchen als Dauerfresser ständig etwas mümmeln müssen und warum es schnell zu Störungen im Magen-Darm-Trakt kommt, wenn sie hungern.

Heu muss rund um die Uhr zur Verfügung stehen. In einer Raufe oder erhöht gelagert, wird es nicht so schnell schmutzig.

Saftig und lecker: Löwenzahn und frische Zweige.

Futter-Recycling nach Kaninchenart

Damit alle Nährstoffe aus dem rohfaserreichen Futter herausgeholt werden, findet im Blinddarm des Kaninchens im Verlauf der Verdauung ein weiterer wichtiger Prozess statt: Hier wird mithilfe der Bakterien eine besondere Art von Kot gebildet, der Eiweiß und Vitamine, vor allem den Vitamin-B-Komplex, enthält. Diesen Kot sofort aufzunehmen, ist für Kaninchen lebensnotwendig. Es ist eine zweite Verdauung in einem späteren Stadium als beim Wiederkäuen etwa bei Kühen – nämlich nach einer vollständigen Passage durchs Verdauungssystem. Da er gleich gefressen wird, ist der Blinddarmkot von Kaninchen im Käfig oder Gehege neben den voll verdauten Kotbällchen selten zu sehen. Er ist feucht, dunkler und länglich geformt.

Nagespaß für Mümmelmänner

Zweige zu benagen und Gräser gründlich durchzukauen, ist nicht nur wichtig für die Verdauung der Kaninchen, sondern auch gut für ihre Zähne. Es kommt seltener zu Fehlstellungen der Backenzähne und zu lang gebogenen Nagezähnen. Kaninchenzähne müssen sich abnutzen, denn sie wachsen ständig nach: Mehr als zwölf Zentimeter im Jahr kommen zusammen. Kein Ersatz für Zweige ist hartes Brot, auch kein Vollkornbrot. Ab und zu ein ungezuckerter Vollkornzwieback oder Knäckebrot ist erlaubt – nett zu naschen, aber nichts zum Nagen für die Zähne. Schädlich hingegen sind für Kaninchen zuckerhaltige Snacks und Drops, auch wenn sie nach einer vielseitigen bunten Knabberei aussehen. Natürlich mögen die Tiere Süßes, aber man tut ihnen damit keinen Gefallen, weder ihre Zähne noch ihre Verdauung sind darauf eingestellt. Lesen Sie bei Leckereien die Liste der Inhaltsstoffe durch. Zucker verbirgt sich auch hinter Bezeichnungen wie Fruktose, Dextrose, Maltose, er ist in jeder Form ungesund.

> **→ Nach dem Essen sollst du ruhn**
>
> ...oder tausend Schritte tun. Wenn Kaninchen schläfrig im Heu liegen, machen sie das nicht, um in Ruhe zu verdauen. Im Gegenteil, bei ihnen fördert gerade Bewegung die Verdauung. Kaninchen müssen nicht ausruhen, nachdem sie eine Weile über dem Futternapf gesessen haben. Es ist wichtig, dass sie jederzeit hoppeln, rennen, springen und zusammen toben können.

Grundnahrungsmittel für Kaninchen
Heu, Kräuter und Zweige

Am Morgen gibt es eine ordentliche Portion richtig gutes Wiesen- und Kräuterheu für alle Kaninchen. Sobald es aufgefressen ist, bekommen sie Nachschub. Frisches Futter kommt später in kleineren Portionen und über den Tag verteilt dazu.

Heu in rauen Mengen

Heu ist das beste Raufutter für Kaninchen. Doch es kommt auf die Qualität an, minderwertiges Heu führt bei Kaninchen zu Krankheiten. Das Heu muss von natürlichen Wiesen stammen, die weder gedüngt noch gespritzt werden. Gutes Wiesen- und Kräuterheu ist leicht zu erkennen:

→ Es ist richtig grün, nicht gelb, grau oder sogar braun.

→ Es duftet frisch, nicht muffig oder schimmelig.

→ Es enthält lange Halme, erkennbare Rispen, Blättchen und Blüten.

→ Es staubt nicht und ist locker geschichtet.

Getrocknete Kräuter

Zusätzlich zum Heu bekommen die Kaninchen getrocknete Kräuter. In Naturkostläden und Reformhäusern und im Zoofachhandel werden viele verschiedene Sorten angeboten. Achten Sie auch hier auf die Qualität, es sollten Kräuter aus ökologischem Anbau sein. Dann haben Sie eine große Auswahl, zum Beispiel: getrocknete Petersilienstängel, Rosenblätter, Thymian, Salbei, Kamille, Melisse, Ringelblumen oder Luzerne und vieles mehr. Geben Sie die Trockenkräuter in eine flache Schale, geeignet sind zum Beispiel Blumentopfuntersetzer.

Nur das beste Heu für die Kaninchen!

Bio ist besser, egal ob es Petersilie, Broccoli oder Heu ist.

Haferstroh macht Kaninchen froh

Stroh kann Heu nicht ersetzen, denn es enthält kaum noch Nährstoffe. Wenn es im Käfig als Einstreu verwendet wird, mümmeln die Kaninchen ab und zu daran herum. Es gibt Stroh, bei dem an den Halmen noch Ähren mit ein paar Körnern sitzen, die die Kaninchen gern fressen. Vor allem die hängenden Rispen vom Haferstroh sind eine schmackhafte Überraschung. Grüne Haferrispen gibt es auch im Zoofachhandel zu kaufen.

Zweige zu jeder Jahreszeit

Kaninchen knabbern am liebsten an frischen Zweigen – am besten mit Blättern. Außer Ballaststoffen enthalten Zweige Gerbstoffe und pflanzliche Öle. Sie schmecken unterschiedlich, ob sie vom Apfel- oder Birnbaum, von der Buche, Erle oder Pappel, vom Haselstrauch oder von der Fichte (Rottanne) stammen. Im Lauf des Jahres verändern frische Zweige ihren Geschmack. Im Frühjahr sind sie noch weich, unter der Rinde ist viel Saft, die Blätter sind zart. Nach und nach wird die Rinde härter, die Blätter werden dunkler und enthalten mehr Nährstoffe. Zusätzlich zu den Zweigen können die Kaninchen auch Himbeer-, Brombeer- und Heidelbeerblätter bekommen. Es gibt auch Nagerholz zu kaufen, aber das ist kein Ersatz für frische Zweige, in denen noch Saft steckt.

Frisches Wasser

Wasser brauchen Kaninchen auch dann, wenn sie frisch gepflückte Gräser, Gemüse und Obst bekommen. Es muss immer zur Verfügung stehen und neu aufgefüllt werden, nicht erst, wenn es verschmutzt ist.

Vorrat für den Winter

Damit die Kaninchen im Winter nicht auf Zweige verzichten müssen, sollten Sie im Verlauf des Sommers immer mal wieder große Zweige mit Blättern abschneiden oder nach Baumfällarbeiten Zweige sammeln. Lassen Sie sie trocknen, dann haben Sie einen Vorrat für die kalte Jahreszeit.

Klares, nicht zu kaltes Leitungswasser ist genau richtig; stilles Mineralwasser brauchen Kaninchen nicht, destilliertes Wasser schon gar nicht, weil es keine Mineralien mehr enthält.

Kräuter, Gräser und Gemüse

Neben Heu und getrockneten Kräutern freuen sich die Kaninchen auch über frisch gezupfte Gräser und Kräuter. Auch Gemüse steht auf dem Speiseplan ganz oben.

Wildes Grün von der Wiese

Bringen Sie Ihren Kaninchen von Spaziergängen kleine Sträußchen ausgewählter Gräser und Kräuter mit, die Sie an Wiesen und Wegrändern im Wald pflücken. Das sorgt für geschmackliche Abwechslung, ist saftig und vitaminreich. Die Pflanzen sollten unterwegs nicht welken und sofort an die Kaninchen verfüttert werden. Was nicht bald gefressen wird und schlaff herumliegt, wird entfernt.

Pflücken Sie die Gräser und Kräuter nicht an Bahnböschungen und Feldrändern, neben Straßen, auf Hunde-auslaufflächen und nicht von Wiesen, auf die Dünge- und Pflanzenschutzmittel aufgebracht wurden. Auch Rasen besteht zwar aus Gras, ist jedoch auf keinen Fall mit Wildgräsern zu vergleichen. Rasen, vor allem aber den Rasenschnitt zu verfüttern, kann bei Kaninchen zu lebensbedrohlichen Verdauungsstörungen führen.

Trockensträuße

Die ausgewählten Gras- und Kräutersträußchen lassen sich auch gut trocknen, zum Beispiel für Wintertage, wenn es nichts Frisches von der Wiese gibt. Sie dürfen nicht zu eng gebündelt werden, damit sich zwischen den Stängeln kein Schimmel bildet. Zum Trocknen werden sie an einem trockenen und möglichst dunklen Ort kopfüber aufgehängt.

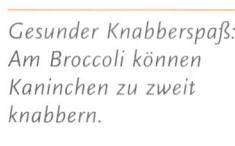

Abwechslung und Vielseitigkeit beim Futter sorgen für fitte Kaninchen.

Gesunder Knabberspaß: Am Broccoli können Kaninchen zu zweit knabbern.

Kräuter aus dem Blumentopf

Eine Möglichkeit, auch im Winter für frische Kräuter zu sorgen, ist die eigene Zucht. Säen Sie Kräutersamen im Blumenkasten oder in einer Schale mit einer etwa drei Zentimeter hohen Schicht Blumenerde aus und stellen Sie das Gefäß auf die Fensterbank. Nicht zu viel gießen, aber immer feucht halten. Wenn Ihnen der Aufwand zu groß ist: Kräuter können Sie auch gleich im Topf kaufen, sie sollten allerdings aus Bioanbau stammen.

Gemüse als Beilage

Zusätzlich kann noch drei- bis fünfmal am Tag frisches Gemüse verfüttert werden, immer nur in kleinen Portionen und je nachdem, wie viel die Kaninchen davon wegmümmeln. Es wird unter klarem Wasser abgespült und abgetrocknet. Wenn Sie es im Käfig an verschiedenen Stellen auslegen anstatt in einen Napf zu geben, haben die Kaninchen außerdem gleich etwas zu tun.

→ **Frisches für Kaninchen**

Wild- und Gartenkräuter

Beifuß
Beinwell
Junge Brennnesselblätter
(leicht angetrocknet)
Dill
Huflattich
Junge Gierschblätter
Echte Kamille
Löwenzahnblüten und
-blätter
Luzerne
Melisse
Oregano
Petersilie
Ringelblume
Salbei
Thymian
Wegerich
Wiesenklee

Gemüse

Broccoli
Chicorée
Eichblattsalat
Feldsalat
Fenchel
Grünkohl
Kohlrabiblätter
Maiskolbenblätter
Möhren
Paprika (vor allem rote)
Postelein
Rote-Beete-Blätter
Sellerie (Stauden und
Knollen)
Steckrüben

Knackiges Grün ist immer wieder verlockend, so auch frisches Möhrenkraut.

Süßigkeiten für Kaninchen

Heimische Apfelsorten sind vitaminreich und saftig.

Sie brauchen es nicht für eine ausgewogene und vielseitige Ernährung, aber es schmeckt den Kaninchen: Obst ist besonders saftig und knackig – und vor allem süß! Gerade weil es Zucker enthält, sollte Obst nur als kleine Leckerei gefüttert werden.

An apple each day keeps the doctor away

An erster Stelle stehen Äpfel, die darf es sogar jeden Tag geben. Vorher mit klarem Wasser abspülen, abtrocknen und nicht schälen. Das Kerngehäuse wird herausgeschnitten. Jedes Kaninchen bekommt, je nach Apfelgröße, etwa ein Achtel, und zwar gleich aus der Hand gefüttert. Wenn die Apfelschnitze im Napf liegen, kommt es vor,

dass sich ein Kaninchen so nach und nach über alle Stückchen hermacht und die anderen leer ausgehen. Äpfel, vor allem die heimischen Sorten der Saison, enthalten viele Vitamine und sind gut für die Verdauung.

Und andere kleine Häppchen

Außer Äpfeln sind auch Birnen bei den Kaninchen beliebt. Hier wird das Kerngehäuse ebenfalls herausgeschnitten und die Birne wird geschält. Mal eine Stachelbeere, mal eine Erdbeere oder eine schwarze Johannisbeere, eine Blaubeere, Brombeere oder, mitgebracht vom Spaziergang, eine Hagebutte, werden auch gern genommen. Wobei Kaninchen sehr unterschiedliche

Geschmäcker haben können! Melone, vor allem Wassermelone, sollte nur selten und ohne Kerne gegeben werden, denn sie enthält besonders viel Zucker. Auch Bananen sind ein energiereiches Zuckerstückchen. Davon gibt es nur sehr kleine Häppchen, und das nur ausnahmsweise.

Energiereiches Trockenfutter

Solange Kaninchen genug Heu, Kräuter, frische Zweige sowie Gemüse und ab und zu etwas Obst bekommen, brauchen sie kein Trockenfutter. Es kann hinzukommen, wenn sie einen erhöhten Energiebedarf haben, etwa nach einer Operation, Krankheit oder Geburt oder bei Außenhaltung in kalten Zeiten. Nicht ins Trockenfutter gehört Getreide, einschließlich Mais, denn Kaninchen sind keine Körnerfresser, außerdem: keine Nüsse und Kürbiskerne, die sind zu fetthaltig, keine Johannisbrot- und Bananenchipstückchen. Eingefärbte sogenannte Extrudents und andere künstliche Zusätze sind überflüssig. Sie können das Futter auch selbst zusammenstellen – ganz

nach Kaninchenwunsch. Dann enthält es nur die Bestandteile, die gut für die Kaninchen sind und die sie garantiert auch wegputzen.

→ Servieranleitung für Frischkost

→ Vielseitig und wenig,
→ gut über den Tag verteilt (3- bis 5-mal),
→ immer erst eine Zeit lang nach dem Verfüttern von Heu geben!

Frischfutter darf
→ nicht angewelkt,
→ nicht schmierig,
→ nicht braun,
→ nicht angefault,
→ nicht nass sein.

→ Nie zu viel Frisches auf einmal geben.
→ Was länger liegt, bald entfernen.
→ Nichts gleich aus dem Kühlschrank verfüttern.

Jede Futterumstellung langsam vornehmen:
→ Neue Sorten in kleinen Portionen probieren lassen.
→ Frische Gräser und Kräuter im Frühjahr nur dosiert füttern.
→ Jeden Tag ein wenig mehr geben.

Nicht geeignet:
→ Kohl, alle Sorten (außer Broccoli und Grünkohl)
→ Zwiebeln, Lauch und Knoblauch

Nur ganz wenig:
→ Maiskörner (vom frischen Kolben)
→ Spinat- und Mangoldblätter

Trockenfutter sollte die Ausnahme bleiben. Gerade Kaninchen, die in der Wohnung leben, brauchen es nicht.

Partyspaß für Kaninchen

Die beste Zeit für Kaninchenpartys

Und das Schönste dabei: Es gibt Snacks für alle ... aber nur Gesundes! Gesund für Mensch und Tier, knackig und mit Überraschungen. Ein später Nachmittag, wenn die Kaninchen gerade richtig munter sind, ist für eine Kaninchenparty die beste Zeit.

Ein Sträußchen zur Begrüßung

Ein Kräutersträußchen, grün in grün und frisch gepflückt, ist genau das richtige Mitbringsel. Zusammengestellt wird es zum Beispiel so: ein Stängel Salbei, zwei, drei Löwenzahnblätter, zwei Kleeblüten, ein Stängel Borretsch, ein Fichtenzweig, eine Ringelblume und vielleicht noch eine voll erblühte Rose, aber nur von einer ungedüngten und nicht gespritzten Pflanze aus dem Garten. Herzlich willkommen!

Mitbringsel im Körbchen

Du brauchst ein kleines geflochtenes Span- oder Weidenkörbchen. Die Leckereien kommen nicht hinein, sondern das Körbchen wird umgedreht und sie werden im Geflecht auf dem Boden festgesteckt. Da müssen sie nun herausgezupft werden: Gemüsestückchen und Kräuterstängel. Bitte schön! Du kannst auch einen Pappkarton mit Leckerbissen bestücken und einen Eingang hineinschneiden. Das ist wie ein Lebkuchenhaus für Kaninchen.

Discokugel – mal ganz anders

Du brauchst einen möglichst runden Apfel. Unter klarem Wasser abspülen, abtrocknen. Mit einem Ausstecher entfernst du das Kerngehäuse. Dann rollst du den Apfel vor den Kaninchen über den Boden. Wenn sie Lust haben, werden sie hinterher hoppeln. Auf jeden Fall werden sie Lust dazu haben, den Apfel zu mümmeln. Guten Appetit!

Bunte Partygirlande

Du brauchst dafür pro Kaninchen: 1 Scheibe Möhre, 1 Stück rote Paprika, 1 Stück Fenchel, 1 Scheibe Zucchini, 1 Stück Staudensellerie. Mit einer kräftigen Nadel durchstichst du die Stückchen und fädelst sie auf einem dünnen Bindfaden auf. Diese Girlande hängst du für die Kaninchen auf. Am Ende der Party wird nicht viel davon übrigbleiben. Viel Vergnügen!

So feiern Kaninchen am liebsten

Das gefällt ihnen:
→ leise Musik und Ansprache
→ freundliches Heranlocken
→ liebevolles Streicheln
→ Zurückhaltung und Abwarten

Und das mögen sie gar nicht:
→ Lärm, Getobe, Unruhe, grelles Licht
→ eingefangen und festgehalten werden
→ gejagt, gestört und geärgert werden

Glanz im Fell und in den Augen

Erst ich, dann du! Kaninchen pflegen sich gegenseitig das Fell.

So gut wie Kaninchen sich selbst und ihre Kaninchenfreunde putzen, kann das kein Mensch. Gründlich und genau gehen sie vor. Mit den Pfötchen wird von Kopf bis Schwänzchen gestriegelt und gewaschen, die Ohren nicht zu vergessen! Was können Sie da noch tun?

Bürsten und kämmen?

Lassen Sie Ihre Kaninchen entscheiden: Kommen sie von sich aus her und bleiben entspannt, schließen sogar die Augen und strecken sich aus, wenn sie gebürstet werden, ist alles gut. Bürsten Sie sanft und mit dem Strich. Bei langfelligen Tieren müssen Sie nachhelfen. Verfilzte Stellen im Fell kämmen Sie nicht aus, sondern schneiden sie mit einer abgerundeten Schere heraus. Auch alte Kaninchen, die nicht mehr so gelenkig sind, brauchen manchmal Unterstützung, vor allem wenn sie gerade im Fellwechsel sind.
Nutzen Sie die Gelegenheit, um bei jedem Kaninchen einmal in der Woche einen kleinen Gesundheits-Check zu machen. Das ist ganz besonders wichtig, wenn die Kaninchen im Freigehege gehalten werden.

Wasserscheu

Wenn das Fell an einer Stelle verschmutzt ist, sollten Sie nicht auf die Idee kommen, das Kaninchen zu baden. Gegen Feuchtigkeit sind Kaninchen empfindlich. Verschmutzte Fellstellen werden mit Wattepads oder

Das mögen sie: Behutsam gebürstet zu werden.

Papiertüchern und angewärmtem Wasser entfernt. Nur bei Parasiten oder Hautpilz ist eventuell ein spezielles Bad in lauwarmem Wasser notwendig, doch hier sagt Ihnen Ihr Tierarzt, was Sie beachten müssen.

Pfötchen geben

Nehmen Sie jedes Pfötchen in die Hand, befühlen Sie es und sehen es an: Die Unterseite muss sauber und ohne Verletzungen sein. Kaninchen brauchen eine Buddelmöglichkeit, damit sie ihre Krallen abnutzen können. Sind sie dennoch zu lang, werden sie mit einer speziellen Zange geschnitten. Bei hellen Krallen ist leichter zu erkennen, wie viel Sie abschneiden können. Der Schnitt wird etwa vier, fünf Millimeter über dem Bereich mit den Blut- und Nervenbahnen, die sich vor allem gegen das Licht sichtbar abzeichnen, angesetzt. Bei dunklen Krallen lieber weniger abschneiden oder zum Tierarzt gehen.

Zähne zeigen

Den Zähnen der Kaninchen muss besondere Aufmerksamkeit geschenkt werden. Zunächst das Mäulchen: Sind die Ecken verklebt oder verschmutzt? Säubern lassen sie sich mit einem feuchten Wattestäbchen. Kontrollieren Sie, ob die Schneidezähne gerade sind und gut abgenutzt, sodass sie genau aufeinanderpassen. Zu lange Zähne und Fehlstellungen im Bereich der Backenzähne führen dazu, dass ein Kaninchen nicht mehr fressen kann. Die beste Zahnpflege für Kaninchen ist das richtige Futter: Äste zum Benagen, Heu zum gründlichen Durchkauen.

Alles in Ordnung?

Streichen Sie sacht über den ganzen Kaninchenkörper und sehen Sie dabei genauer hin:

→ Ist die Haut ohne Verkrustungen oder Erhebungen, überall sauber und trocken?

→ Ist der Bauch rundlich und weich? Kontrollieren Sie vor allem das Hinterteil des Kaninchens mit den Geschlechtsecken, den kleinen Falten an den Geschlechtsteilen. Sind sie verklebt oder verschmutzt, müssen sie mit lauwarmem Wasser und einem weichen Tuch gesäubert werden.

→ Sind die Augen geöffnet, sauber und glänzend?

→ Sind die Ohren sauber? Heben Sie die Ohren von Widderkaninchen an, um die Innenseite zu begutachten.

→ Bewegt sich das Näschen blinzelnd und ist trocken?

→ Zu guter Letzt schnuppern Sie ins Fell Ihrer Kaninchen. Kaninchen riechen frisch und ein wenig nach Heu, einfach angenehm!

Zum Glück sind Kaninchen, die freundlich behandelt und artgerecht gehalten werden, die sich uneingeschränkt bewegen dürfen und gutes Futter erhalten, nicht empfindlich. Wenn jedoch mit ihnen etwas nicht stimmt, hängt von der raschen Diagnose und Behandlung oft ihr Leben ab. Warten Sie nicht lange, machen Sie sich so bald wie möglich auf den Weg zum Tierarzt oder zur Tierärztin. Nach einer Praxis oder Klinik, spezialisiert auf Kleintiere und möglichst nah gelegen, suchen Sie am besten von vornherein, wenn Sie die Kaninchen zu sich ins Haus geholt haben. Dann kommt das Kaninchen in die Transportbox. Polstern Sie sie weich aus.

Auf geht's in die Tierarztpraxis – allerdings nur ungern!

Aufnahmegespräch

Der Tierarzt wird Ihnen gleich einige Fragen stellen, und je genauer Sie die beantworten können, desto eher lässt sich die Diagnose stellen. Wenn es nicht um äußere Verletzungen geht, bringen Sie eine Kotprobe mit. Sie sollten auch wissen, wie viel Ihr krankes Kaninchen wiegt und ob es an Gewicht verloren hat. Folgende Fragen könnten gestellt werden:

→ Um welche Symptome oder Störungen handelt es sich?
→ Wann sind sie aufgetreten?
→ Womit gehen sie einher?
→ Wie alt ist das Kaninchen?
→ Wie schwer?
→ Wie wird es gehalten?

→ Begleitung von Angehörigen

Die Trennung von der Gruppe bedeutet immer Stress für ein Kaninchen, besser ist es, wenn alle Tiere in einer Transportbox zum Tierarzt mitkommen. Auch wenn nur ein Kaninchen Anzeichen einer Erkrankung zeigt, könnte es wichtig sein, dass die anderen untersucht werden. Etwa wenn es sich um eine ansteckende Krankheit handelt. Haben Sie mehr als drei Kaninchen, wird es schwierig sein, alle in die Praxis zu bringen. Manche Tierärzte machen auch Hausbesuche.

→ Seit wann haben Sie es?
→ Welches Futter hat es bekommen?
→ Wie verhält es sich, zeigt es Anzeichen von Schmerz?
→ Bewegt es sich normal?
→ Frisst es? Trinkt es viel oder wenig?
→ Setzt es normal Kot ab?
→ Verhalten sich die anderen Kaninchen normal?

Kleiner Pieks große Wirkung – die Impfung

Ob sie im Freigehege oder in der Wohnung gehalten werden, die Kaninchen sollten geimpft werden. Auch mit dem Heu oder Mitbringseln aus der Natur können Krankheitserreger eingeschleppt werden. Für Kaninchen sind zwei Infektionen lebensbedrohlich, und gegen beide wurden Impfstoffe entwickelt. Sind sie bereits erkrankt, gibt es keine Behandlungsmöglichkeiten. Gegen RHD (Rabbit Haemorrhagic Disease), die Chinesische Kaninchenseuche, wird jährlich, gegen Myxomatose halbjährlich geimpft. Eine erste Impfung muss als Grundimmunisierung vorangegangen sein.

Alte Kaninchen

Zehn Jahre, in Ausnahmefällen auch älter, können Kaninchen werden. Und dann kommt irgendwann die Zeit, in der sie deutlich die ersten Alterserscheinungen zeigen. Sie werden unbeweglicher – kein schnelles Hoppeln, keine großen Sprünge mehr. Sie haben ein größeres Ruhebedürfnis. Oft werden sie anhänglicher, manchmal zurückhaltender. Bewegung, gesundes Futter und das Zusammensein mit anderen Kaninchen sind weiterhin wichtig. Nehmen Sie Rücksicht auf Ihre alt gewordenen Tiere und widmen Sie ihnen nach wie vor viel Aufmerksamkeit.

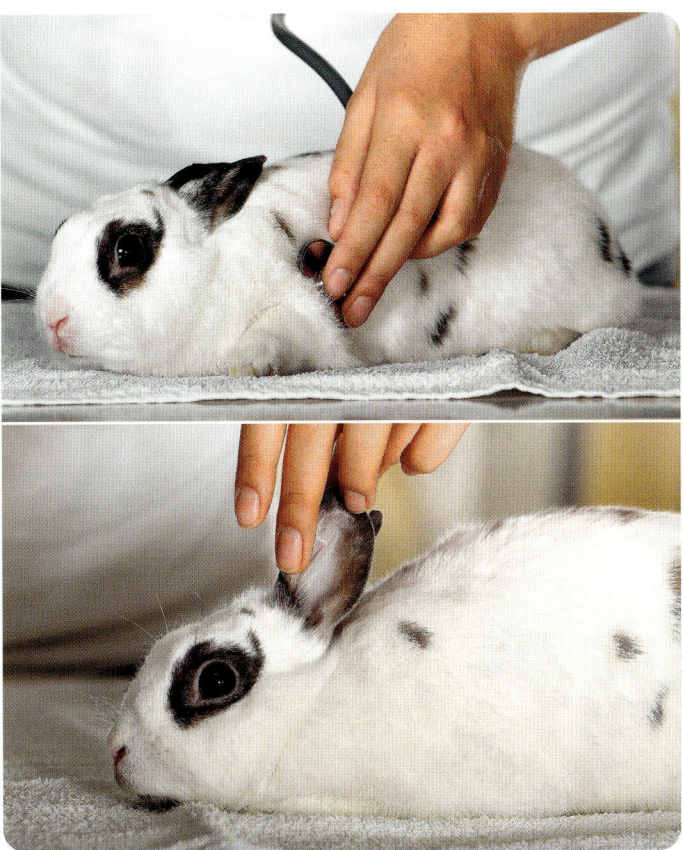

Stillhalten zum Abhorchen und Untersuchen.

Und dann?

Schön ist es, wenn ein Kaninchen bis ins hohe Alter gesund bleibt. Dann stirbt es, nachdem es sich zurückgezogen hat, nicht selten auch einfach im Schlaf. Wird ein Tier jedoch krank, hat es Schmerzen und leidet, zögern Sie nicht, es vom Tierarzt einschläfern zu lassen. Dafür kommen einige Tierärzte auch nach Hause. Das erspart den Tieren am Lebensende noch Stress. Der Abschied von einem über viele Jahre vertrauten Kaninchen ist für alle Familienmitglieder immer schwer.
Bleibt ein Kaninchen zurück, warten Sie nicht, gesellen Sie ihm ein neues Kaninchen zu. Bestimmt finden Sie sofort ein anderes, das ebenfalls allein ist – vielleicht im Tierheim.

EXTRA
Schnelldiagnose

→ Die häufigsten Kaninchenkrankheiten

Krankheitsanzeichen	Verdacht auf	Maßnahmen
Das Kaninchen kommt nicht zum Futter, bewegt sich kaum, hat sichtbar Schmerzen im Bauchbereich (gekrümmter Rücken) und Atemnot.	Trommelsucht	Frischfutter (Grünes, Gemüse, Obst) sofort absetzen, nur noch Heu und Wasser zur Verfügung stellen und sofort zum Tierarzt gehen.
Das Kaninchen hat Durchfall oder der Kot ist breiig.	Darmparasiten durch Hungern, Durchfall durch Umstellen des Futters oder durch falsches Futter oder Gift, Zahnprobleme	Bei breiigem Kot Frischfutter absetzen, nur noch Heu, getrocknete Kräuter und Wasser anbieten, bei Anhalten nach 24 Stunden zum Tierarzt gehen. Bei wässrigem Kot Frischfutter absetzen und sofort zum Tierarzt gehen.
Der Kot ist fester als sonst, es kommen Kotketten, oder das Kaninchen hat Probleme beim Kotabsetzen.	Verstopfung, mangelnde Bewegung, Haarballen	Für Bewegung sorgen. Bei anhaltender Verstopfung nach 24 Stunden zum Tierarzt gehen.
Das Kaninchen liegt auf der Seite, atmet hechelnd und springt bei Annäherung nicht auf.	Hitzschlag oder Infektion	Hitzschlag: Kaninchen sofort in schattige Umgebung bringen, feuchtes, kühles Tuch umlegen, Wasser auf die Zunge geben. Bei Anhalten über 1 Stunde zum Tierarzt gehen, ebenfalls bei Infektionen.
Das Kaninchen hat verfärbte Mundwinkel, frisst auffallend langsam.	Zahnprobleme: Zahnfehlstellungen, zu lange Zähne oder falsches Futter	Bei allen Zahnproblemen zum Tierarzt gehen, der kürzt Schneidezähne und kann auch feststellen, ob im Bereich der Backenzähne Fehlstellungen vorliegen.

Krankheitsanzeichen	Verdacht auf	Maßnahmen
Die Nase des Kaninchens ist feucht oder verklebt, es niest, leichte Geräusche bei Atmen oder flaches Atmen.	Infektion der Atemwege	Von Schnupfen bis Lungenentzündung: Zum Tierarzt gehen, weil eine Verschlimmerung schnell einsetzen kann.
Die Augen tränen oder sind verklebt, nur halb geöffnet, angeschwollen oder rot.	Augenverletzung, Bindehautentzündung oder Probleme mit Backenzähnen	Zum Tierarzt gehen, keine Hausmittel anwenden. (Kamille ist nicht geeignet!)
Das Kaninchen schüttelt den Kopf oder hält ihn schief, die Innenseiten der Ohren sind verklebt oder schorfig.	Verletzungen oder Entzündungen im Ohr, Parasiten (Ohrmilben) oder Pilzbefall	Bei Ohrenproblemen zum Tierarzt gehen.
Das Kaninchen sitzt teilnahmslos da, knirscht mit den Zähnen.	Hinweis auf Schmerzen	Bei Anhalten und wenn weitere Symptome hinzukommen (etwa: Appetitmangel), sofort zum Tierarzt gehen.
Das Kaninchen kratzt sich häufiger. Das Fell liegt nicht an, ist stumpf oder gesträubt, kahle Stellen im Fell oder Verkrustungen auf der Haut.	Parasiten (Milben, Haarlinge, Flöhe) oder Pilzbefall	Der Tierarzt stellt nach Abklatschtest oder Geschabsel fest, worum es sich handelt, und verschreibt ein Gegenmittel. Genau an die Vorschriften halten!
An den behaarten Fußsohlen sind kahle Stellen oder Verletzungen.	Verletzungen oder Entzündungen durch falschen Untergrund	Verletzungen müssen vom Tierarzt behandelt werden. Für anderen Untergrund sorgen: kein Kunststoff, kein Gitter, weich, nicht feucht, verschmutzt und kalt.
Blutspuren im Urin, das Kaninchen zeigt deutliche Schmerzen beim Lösen.	Blasen- oder Nierenerkrankung	Zum Tierarzt gehen, es kann eine Infektion vorliegen oder das Kaninchen hat Blasen- oder Nierensteine.

Vermehrung nach Kaninchenart

Zugegeben: Kaninchenjunge sind sehr niedlich, vor allem, wenn das erste Fell gewachsen ist und sich ihre Augen geöffnet haben. Doch verantwortungsvolle Kaninchenfreunde verzichten auf das Vergnügen. Ein Blick in das nächste Tierheim genügt: Sie sind voll mit unerwünschten Hopplern. Sie vermehren sich eben „wie die Karnickel". Deshalb ist die rechtzeitige Kastration notwendig, damit Nachwuchs bei Kaninchen auf jeden Fall vermieden wird.

Schon passiert

Es kommt jedoch immer wieder vor, dass zwei vermeintliche Rammler oder zwei Häsinnen eben doch ein Rammler und eine Häsin waren. Und dann ist es zu spät, der Nachwuchs ist bereits unterwegs. Wer Pech hat, kauft ein Kaninchen, das schon trächtig ist. Hier wurden die jungen Kaninchen nicht rechtzeitig, also spätestens im Alter von zwölf Wochen, nach Geschlechtern getrennt.

Erkennungszeichen

Welches Kaninchen ein Rammler und welches eine Häsin ist, lässt sich vor allem bei jungen, noch nicht geschlechtsreifen Tieren nicht so leicht feststellen. Legen Sie das Kaninchen auf einer weichen Unterlage ganz behutsam auf den Rücken, es wird so übrigens unbeweglich verharren. Ein leichter Druck mit zwei Fingern zu beiden Seiten des Geschlechtsteils sollte Ihnen zeigen, wen Sie vor sich haben: Bei einem Böckchen zeigt sich ein winziges Röhrchen, bei der Häsin tritt ein u-förmiges Organ hervor. Wenn Sie nicht sicher sind, gehen Sie mit den Kaninchen gleich in eine Kleintierpraxis. Der Tierarzt kann zweifelsfrei feststellen, welches Geschlecht die Tiere haben.

Nestbauphase

Ob ein Kaninchen tragend ist, sieht man ihm nicht an, auch nicht in fortgeschrittenem Stadium. Etwa 28 bis 30 Tage dauert die Trächtigkeit. Erst ganz spät zeigt sich am Verhalten der Häsin, dass eine Überraschung zu erwarten ist: Sie scharrt Nestmaterial zusammen. Aber das kommt auch bei unkastrierten Weibchen während der Hitzezeit vor. Fünf bis acht Junge

Nur eine Handvoll: Kaninchen sind sehr niedliche Tierkinder.

können in einem Wurf sein. In den ersten drei Wochen bleiben sie in einem Versteck, etwa in einer Schlafhütte, die groß genug ist, oder in einem Nest aus Heu, das die Häsin aufgeschichtet hat. In dieser Zeit sollte die Häsin mit den Jungen nicht gestört werden.

Die Kastration

Bei der Kastration werden die Keimdrüsen entfernt. Das ist beim Rammler keine schwere Operation, weil die Hoden außen liegen. Der Kaninchenbock ist nach der Kastration noch etwa zwei Wochen lang zeugungsfähig. In dieser Zeit ist die Trennung von unkastrierten Weibchen dringend notwendig. Man kann das Böckchen vor der Geschlechtsreife kastrieren lassen. Eine Frühkastration erfolgt im Alter von etwa acht bis spätestens zwölf Wochen. Danach können Weibchen und Männchen gleich wieder zusammengesetzt werden.

Kastration bei Häsinnen

Häsinnen kastrieren zu lassen ist aufwendiger, denn Eierstöcke und Gebärmutter liegen in der Bauchhöhle, der

Das Nest polstert die Häsin weich mit Fell aus.

Eingriff ist etwas riskanter und teurer. Er hat aber mehrere Vorteile: Häsinnen sind sofort nach der Operation zeugungsunfähig, kommen nicht mehr alle zwei Wochen in die Hitze, werden nicht scheinträchtig, sind nicht mit Nestbau beschäftigt. Sie werden ruhiger und friedlicher. Und da die Kaninchen zehn Jahre alt werden können, lässt sich durchaus sagen: Die Kastration der Häsinnen lohnt sich trotz des recht hohen Preises.
Kaninchen dürfen nie nüchtern zur Operation kommen, ihre Verdauung muss wie gewohnt weitergehen.

Auf einen Blick
Mein Pflegeplan

Täglich

Futter

Heu wird nach Bedarf, mindestens aber dreimal täglich nachgelegt, getrocknete Kräuter kommen ein- bis zweimal dazu. Außerdem gibt es täglich Frischkost, etwas Gemüse und frische Kräuter, am besten drei- bis fünfmal am Tag in kleinen frischen Portionen. Nach einem halben Tag werden die Reste entfernt.

Wasser

Die Wassernäpfe werden ein- bis zweimal am Tag heiß ausgespült und wieder mit frischem Wasser gefüllt. Ist das Wasser verschmutzt, wird es sofort erneuert. Besonders gründlich wird die Nipptränke gereinigt, einschließlich des Röhrchens. Das geht am besten mit einem Wattestäbchen.

Zweige

Zweige werden für die Kaninchen etwa jeden zweiten Tag frisch nachgelegt, damit sie ihre Zähne regelmäßig abnutzen können. Auch hier gilt: häufiger frische Zweige geben.

Toilette

Wenn die Kaninchen eine Toilette benutzen, wird die Einstreu darin einmal täglich gewechselt, neue wird eingefüllt. Haben sie eine bevorzugte Ecke, in der sie sich lösen, heben Sie die Einstreu hier mit einer kleinen Schaufel ab und verteilen großzügig neue.

Kleine Kontrolle

Begutachten Sie die Kaninchen: Kommen sie morgens heraus? Fressen sie Heu? Sind sie munter? Sind ihre Augen klar? Ist ihr Näschen trocken? Ist ihr Bauch sauber? Glänzt das Fell?

Käfig sauber machen

Während sich die Kaninchen im Auslauf tummeln, reinigen Sie den Käfig: Die alte Streu wird vollständig entfernt. Die Bodenwanne wird mit heißem Wasser gründlich ausgewaschen, Schlafhütten und andere Einrichtungsgegenstände werden abgeschrubbt. Eine dicke Schicht Einstreu auffüllen und alles wieder aufstellen.

Auslauf putzen

Und während jetzt die Kaninchen im Käfig bleiben, kommt der Auslauf an die Reihe. Ersetzen Sie, was zernagt ist, füllen Sie die Buddelkiste neu auf, wischen Sie den Untergrund und waschen Sie die am Boden ausgelegten Baumwolltücher und Flickenteppiche. Dann kommt die zweite Garnitur zum Einsatz, alles wird wieder ausgebreitet – und die Käfigtür endlich geöffnet.

Große Kontrolle

Einmal monatlich nehmen Sie jedes Kaninchen auf den Schoß und schauen es genauer an, von Kopf bis Fuß, von Nase bis Schwänzchen. Sie tasten es ab, schauen ihm ins Maul und in die Ohren, legen es auf den Rücken und streichen ihm über den Bauch, säubern die Geschlechtsecken, sehen nach den Krallen. Und sofern das Kaninchen das nötig hat oder gern mag, bürsten Sie es am Schluss noch sanft.

Hausputz

Es hilft nichts: Die Kaninchen müssen ausquartiert werden, damit Sie freie Bahn haben. Der gesamte Käfig und zugleich der Auslauf mit allem Inventar, also auch die Hütten, Brücken und Kisten, werden einmal im Monat ausgewischt, geputzt und geschrubbt – mit heißem Wasser und Bürste. Dann alles gut trocknen lassen, neu befüllen und wieder aufstellen.

Impfungen

Die Myxomatose-Impfung ist alle sechs Monate fällig. Bei der Gelegenheit kann der Tierarzt die Kaninchen auch gleich kurz durchchecken. Zur Impfung gegen RHD geht es einmal im Jahr. Häufig werden von der Praxis aus auch Erinnerungen an die Impftermine an die Kaninchenbesitzer geschickt. Vermerken Sie den Termin trotzdem im eigenen Kalender.

Urlaub

Schon vor der Anschaffung sollten Sie geklärt haben, wer einspringt, wenn Sie verreisen. Zweimal am Tag muss jemand nach den Tieren sehen. Entweder finden Sie einen verantwortungsvollen Kaninchensitter, den Sie rechtzeitig einweisen, oder Sie bringen die Kaninchen in eine Tierpension. Manche sind speziell auf Kaninchen eingestellt, mit Auslauf und Freigehege. Kaninchen sollte man nur ausnahmsweise mit in den Urlaub nehmen.

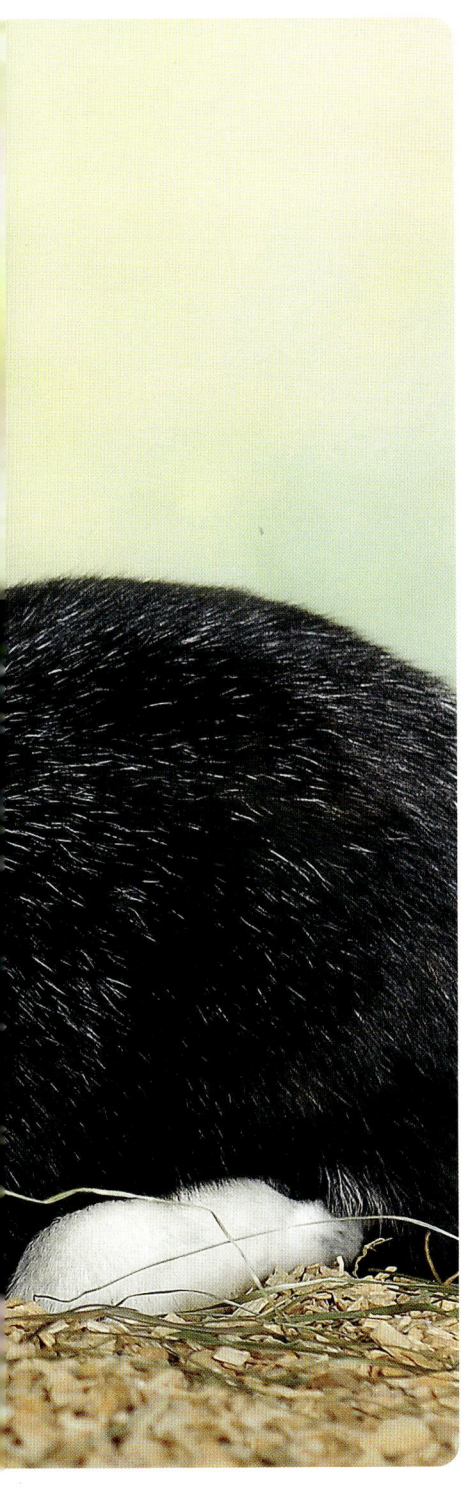

3

Verstehen & beschäftigen

Munter und neugierig
So sind Kaninchen

Sie leben zwar schon lange mit dem Menschen zusammen und wurden durch Zucht verändert, aber im Grunde ihres Herzens, vielmehr ihrer ganzen Art nach, sind Kaninchen immer noch kleine wilde Tiere. Das ursprüngliche Verhalten und die Sinnesleistungen der Hauskaninchen sind noch ganz darauf eingestellt, dass sie

→ mit anderen Kaninchen in einer Gruppe zusammenleben
→ mit ihnen Körperkontakt haben
→ zu den anderen jedoch auch Abstand halten können
→ scharren und buddeln, um Baue zu graben
→ in ihre Baue oder Verstecke flüchten können
→ hoppeln und sprinten, laufen und toben und springen
→ ständig ausreichend Futter haben und nagen müssen
→ Ruhezeiten haben und sich auch zurückziehen können

Im Hauskaninchen steckt noch das Wildtier.

Hinaus ins Grüne und raus aus dem Versteck!

Gefahr aus der Luft

Was Kaninchen am meisten in Alarmbereitschaft versetzt, ist ein Zugriff von oben. Von oben kommt die größte Gefahr auf sie zu – ein Greifvogel, und der ist so schnell da, dass es für eine Flucht in die Röhre zu spät ist. Auch Kaninchen, die ganz zutraulich sind, begegnet man also auf gleicher Höhe. Das heißt, man geht in die Hocke und wendet ihnen das Gesicht zu und streckt die Hände aus, bevor man sie streicheln oder auf den Arm nehmen will.

Nichts wie weg!

Kaninchen sind aus gutem Grund kleine Angsthasen. Sie sind nicht sehr wehrhaft, also liegt ihr Heil in der Flucht und im schnellen Verschwinden im fast sicheren Bau. Deshalb brauchen sie ihre Hütten als Ersatz. Ein plötzliches Erscheinen, eine hastige Bewegung, eine überraschende Annäherung – und sie hauen ab. Es kommt vor, dass Kaninchen fest schlafen und dabei auf der Seite liegen. Werden sie dann geweckt, reagieren sie bisweilen panisch. Vor einem schlafenden Kaninchen tauchen Sie also bitte nicht ohne Ankündigung auf.

Schnuppernasen

Der Geruchssinn des Kaninchens ist besonders ausgeprägt. Sie erkennen sich gegenseitig am Sippen- und Individualgeruch. Aus Gerüchen lesen sie alles heraus, was für sie wichtig ist.

Zugleich hinterlassen sie auch überall ihre Duftspuren, etwa wenn sie ihr Kinn mit der Drüse an herausragenden Stellen reiben. Die kleine Kaninchennase ist immer in Bewegung; vor allem wenn sie intensiv schnuppern, ist das sogenannte Nasenblinzeln zu sehen.

Rundumblick

Für Kaninchen ist es wichtig, alles wahrzunehmen, was sich etwas weiter entfernt von ihnen befindet – und bewegt! Die großen Augen stehen etwas vor und sitzen an den Seiten des Kopfes. Dadurch kann es alles erkennen, was in seinem Umkreis liegt, außer einem kleinen Winkel hinter ihm. Sich von hinten an ein Kaninchen heranzuschleichen, ist unmöglich. Was nah an sie herankommt, erkennen Kaninchen nicht gut. Dann muss wieder die Nase zum Einsatz kommen. Es behagt Kaninchen gar nicht, wenn ihnen die Sonne genau in die Augen scheint. Als Dämmerungstiere sehen sie in den Morgen- und Abendstunden am besten. In völliger Dunkelheit erkennen sie auch nichts mehr. Im Bau fühlen sie sich sozusagen zurecht. Die feinen Tasthaare an den Seiten des Kopfes und an der Nase zeigen ihnen: Hier passe ich durch.

Kaninchen mit Auslauf fühlen sich sehr wohl.

Ganz Ohr

Auch der Hörsinn ist bei Kaninchen gut ausgebildet. Die langen Ohren sind sehr beweglich und werden schnell in die Richtung gewendet, aus der ein Geräusch kommt. Die Ohren können unabhängig voneinander bewegt werden. So entsteht quasi ein perspektivisches Hörbild, das ihnen genau verrät, aus welcher Richtung sich etwas nähert. Kaninchenohren sind sehr empfindlich, und laute Geräusche tun ihnen weh.

Kaninchen haben Geschmack

Und zwar einen guten. Sie wissen genau, was sie mögen, und bevorzugen ganz klar einige Leckereien. Wenn ihnen etwas nicht schmeckt, wenden sie sich manchmal kopfschüttelnd ab – eine Zumutung, so etwas anzubieten. Leider sind auch Kaninchen nicht davor geschützt, manchmal das Falsche zu fressen. Etwa Süßigkeiten oder Giftpflanzen. Davor kann sie nur ihr Mensch bewahren.

Und sie finden immer wieder Neues zu fressen.

EXTRA
Kaninchen-Dolmetscher

Kaninchensprache

→ Zu hören ist manchmal ein leises, hastiges Grummeln.
Dann sind Kaninchen unwirsch, aber noch warnen sie nur.

→ Es wird zum motzenden Knurren verstärkt, wenn sie wütend werden.

→ Geht es mit tiefer gelegtem Vorderkörper, schnellem Vorspringen und
nach hinten gelegten Ohren einher, können sie auch angreifen und
kratzen.

→ Vor der Paarung brummen Kaninchen anhaltend. Zugleich umkreisen
sie sich die ganze Zeit hoppelnd.

→ Wenn Kaninchen leise fiepen, ist ihnen unbehaglich. Wenn Sie das
Tier gerade auf dem Arm haben, sollten Sie es gleich hinuntersetzen.
Es kann sein, dass es schnell sein Klo aufsucht ...

→ Bei Gefahr klopfen Kaninchen, indem sie mit den Hinterläufen kräftig
auf den Boden stampfen. Das kommt auch vor, wenn Sie einen gefähr-
lichen Geruch mitbringen, etwa nach Hund.

→ Nur in höchster Not schreit ein Kaninchen.

→ Zähneknirschen ist ein Zeichen für Schmerzen.

→ Lang ausgestrecktes Liegen auf der Seite oder stilles Sitzen oder Liegen mit untergeschlagenen Beinen und Mümmeln zeigen Behaglichkeit an.

→ Besonders wohl fühlt sich ein Kaninchen, wenn es sich wälzt und dabei ganz lang macht.

→ Vorderpfoten nach vorn, Hinterpfoten nach hinten, ganz lang ausstrecken und gähnen, bedeutet, dass jetzt Entspannung angesagt ist. Dann werden auch die Ohren angelegt.

→ Verharren auf der Stelle oder langsames Voranschieben, mit nach vorn gerichteten Ohren, heißt, dem Kaninchen ist etwas nicht geheuer.

→ Anstupsen mit der Nase ist eine freundliche Begrüßung oder die Aufforderung zum Streicheln.

→ Deutliches Wegstupsen mit einer Kopfbewegung meint: Schluss jetzt!

→ Männchen machen, in die Luft schnuppern und Kopf wenden sind Neugier ohne Angst, ebenso: auf erhöhte Plätze springen und in die Runde schauen.

Gemischte Wohngemeinschaften

Kein anderes Tier kann dem Kaninchen einen Artgenossen ersetzen. Doch wer andere Tiere hat, Hund, Katze, Meerschweinchen, möchte gern, dass sich alle Tiere im Haus verstehen. Das lässt sich bis zu einem gewissen Grad auch erreichen. Hunde und Katzen lassen sich durchaus mit Kaninchen vergesellschaften. Die großen Kaninchen wirken auf Anhieb nicht ganz so klein und hilflos, sie sind jedoch auch weniger wendig als die Zwerge.

Kaninchen lassen sich nicht alles gefallen. Sie können sich auch wehren!

Gewöhnung in kleinen Schritten

Es ist riskant, die Tiere einfach zusammenzusetzen, auch wenn man sie gut kennt. Zunächst müssen alle Beteiligten aneinander gewöhnt werden, und das ist eine Frage der Zeit. Aus den Augen lassen kann man sie nicht, auch nicht für einen Moment. Im ersten Schritt lassen Sie alle Tiere nur schnuppern, streicheln Sie alle und halten ihnen dann Ihre Hand vor die Nase.

Führen Sie einen Hund oder eine Katze an das Gehege, damit sie sich gegenseitig in Augenschein nehmen können. In dieser Situation lassen sich die Reaktionen schon erkennen. Im zweiten Schritt halten Sie einen Hund oder eine Katze ganz sicher zurück und lassen die Tiere so am Gitter schnuppern, dass sie sich schon näherkommen. Bei diesen Aktionen wird viel gelobt und belohnt, solange alles gut geht.

Hund und Kaninchen

Wenn sich die Tiere von klein auf kennen, gibt es bei gut sozialisierten Hunden kaum Probleme. Sehr zuverlässige Hunde beschützen Kaninchen sogar, und die so unterschiedlichen Tiere können zusammen frei herumlaufen. Eine spätere Zusammenführung muss mit großer Vorsicht und über einen längeren Zeitraum erfolgen. Es kommt auch auf den Hund an. Der wird in der ersten Zeit an der Leine zurückgehalten. Trägt er einen Maulkorb, kann er

Gar nicht so wehrlos: Vorsicht, Kratzbürste!

Immer am besten: In Kaninchengesellschaft!

immer noch mit der Nase heftig stupsen oder mit den Pfoten tapsen, wobei das Kaninchen auch schwer verletzt werden kann. In dieser Zeit werden die Tiere nie allein gelassen. Die meisten Hunde reagieren auf Bewegungsreize, und es ist nie ganz auszuschließen, dass der freundlichste Hund doch noch hinterherhetzt, wenn ein Kaninchen die Flucht ergreift. Es ist oft schwer abzuschätzen, was passieren kann.

Katze und Kaninchen

Ein großes Kaninchen und eine Katze gehören ja annähernd in die gleiche Gewichtsklasse, und man hört immer wieder, dass die Tiere sogar aneinandergekuschelt liegen. Doch bei diesen Begegnungen heißt es ebenfalls: Geduld mitbringen. Zwar können Kaninchen auch kratzen, aber Katzen sind meist schneller.

Meersau, Hamster und Co.

Mäuse und Kaninchen – das geht nicht gut! Rennmäuse sind sogar angriffslustig, Farbmäuse sind viel zu klein und zart, Hamster ebenfalls. Es ist besser, wenn sich diese Tierarten nicht begegnen. Kaninchen und Meerschweinchen: Leider wird diese Kombination immer noch empfohlen. Doch Kaninchen brauchen Kaninchen als Partner, und Meerschweinchen brauchen Meerschweinchen. Werden beide Tierarten gemeinsam im Freigehege gehalten, muss es für die Meerschweinchen viele Unterschlupfmöglichkeiten geben, in die Kaninchen nicht hineinpassen. Kaninchen neigen dazu, die kleineren Meerschweinchen zu dominieren, dann werden die Meerschweinchen von den Kaninchen ständig geleckt, besprungen und überrannt.

Der Neue

Wie sich Kaninchen vergesellschaften lassen, die sich noch nicht kennen, wird auf Seite 16 beschrieben. Die Rangordnung muss geklärt werden, und dabei sollten Sie sich in keiner Weise einmischen. Stirbt in einer Dreiergruppe ein Kaninchen und die beiden Zurückgebliebenen verstehen sich sehr gut, nehmen Sie besser kein neues Kaninchen auf – oder gleich zwei.

Freilauf mit Familienanschluss

Der Käfig darf nur der Rückzugsort für die Kaninchen sein, nie der ständige Wohnsitz. Ein „Lebenslänglich" in so einer „Gefängniszelle" ist für Kaninchen ein hartes, ungerechtes Urteil. Auch ein ab und zu geöffnetes Türchen widerspricht tiergerechter Haltung. Die Kaninchen sollen rund um die Uhr frei entscheiden, wann sie sich in den Käfig zurückziehen und wann sie herumhoppeln wollen. Ein großes, sicheres Gehege im Garten ist dabei als die beste Haltungsform anzusehen. Wer diese Möglichkeit nicht hat, muss seinen Kaninchen einen großzügigen Ersatz bieten. Den gibt es!

Ein schattiges Plätzchen auf dem Balkon, etwas zum Knabbern und einen Kumpel: Was braucht man mehr zum Glücklichsein?

Immerwährender Freilauf

Für die Kaninchen wird in einem Raum, in dem auch Sie sich aufhalten, eine Ecke abgetrennt. Fläche bei drei Kaninchen: sechs, bei zwei Kaninchen: fünf Quadratmeter. Da die großen Kaninchen nicht ganz so hoch springen, genügt es, wenn die Absperrung etwa 40 Zentimeter hoch ist. Es gibt im Internet zahlreiche Anregungen für den Bau von Wohnungsgehegen. Man kann die Absperrung etwa in Form eines Zaunes aus Latten bauen. Wer handwerklich nicht so geschickt ist, kann fertige Gitter oder Zaunteile aufstellen. Nur stabil müssen die Elemente sein. Und sie sollten Durchblick gewähren und nicht aus geschlossenen Holzplatten bestehen. Jetzt gibt es noch die Möglichkeit einer Erweiterung: In die Absperrung wird ein Türchen eingesetzt, damit sich die Kaninchen im ganzen Zimmer bewegen können. Vielleicht setzen sie sich beim Fernsehen zu Ihnen aufs Sofa. Sie können auch eine Hundehütte (für Kleinsthunde) aufstellen, ebenso auf dem Balkon.

Balkon als Lebensraum

Sie können den Kaninchen auch Ihren Balkon zur Verfügung stellen, sogar für eine ganzjährige Haltung im Freien. Ist er groß genug, nutzen Sie ihn gemeinsam mit den Kaninchen. Die haben sicher nichts gegen Ihre Anwesenheit. Ein Balkon ist geeignet, wenn folgende Bedingungen erfüllt sind:

Balkon oder Terrasse müssen gesichert sein.

→ Er liegt nicht nach Süden, hat keine direkte Sonneneinstrahlung, es sei denn, es gibt auch einen großen schattigen Bereich.

→ Er hat keine Ausrichtung zur Wetterseite, es regnet nicht darauf.

→ Er liegt nicht in der Zugluft, auf dem Balkon fängt sich nicht der Wind und wirbelt herum.

→ Er ist durch ein Katzennetz an allen Seiten abgesichert.

→ Die Balkonbrüstung ist so hoch angebracht, dass sie nicht übersprungen werden kann.

→ Kein Durchschlupf, etwa durch ein Balkongitter.

Wenn Sie möchten, dass Ihre Kaninchen vom Balkon aus zu Ihnen in die Wohnung kommen, bringen Sie eine Katzenklappe an. (Bedenken Sie nur, dass Sie diese bei einem Auszug wieder entfernen müssen, wenn Sie zur Miete wohnen.) Kaninchen lernen bald, wie sie durch die Klappe ins Zimmer schlüpfen können.

Der Untergrund

Wie im Zimmergehege wird auch auf dem Balkon der Käfig aufgestellt, das Türchen ist jederzeit geöffnet. Legen Sie Holzpaletten unter den Käfig, gerade bei gefliesten Böden bietet sich diese Lösung an. Maisstrohmatten, Sisal oder Flickenteppiche eignen sich auf dem Balkon wie auch im Zimmerfreilauf als Untergrund. Wenn sie mit der Zeit angenagt und zerfetzt werden, lassen sie sich leicht austauschen.

Die Inneneinrichtung

Bei Balkonhaltung ist eine wetterfeste Hütte für jedes Kaninchen notwendig, während im Zimmergehege die üblichen kleinen Häuschen genügen. Eine wetterfeste Hütte heißt: Sie steht nicht auf dem Boden, sie ist rundum isoliert, hat kleine Lüftungsschlitze und zwei, drei Innenkammern. Wärmende Schichten aus Stroh und Heu müssen regelmäßig nachgelegt werden.

Auf dem Balkon oder im Zimmergehege wird eine große Buddelkiste aufgestellt, etwa eine Kindersandkiste. Da fliegt schon mal die Erde durch die Gegend, wenn gescharrt wird, doch Buddeln muss sein. Lassen Sie sich etwas einfallen, um für Abwechslung zu sorgen. Spieltunnel, Röhren, erhöhte Plätze – all das, was Kaninchen brauchen, um nach ihrer Art zu leben.

Das wahre Kaninchenleben

Hauskaninchen können das ganze Jahr über im Freien verbringen. Doch auch wenn sie draußen leben, wollen sie Gesellschaft – und das nicht nur im Sommer. Wie das Wetter sein mag: Verbringen Sie viel Zeit mit Ihren Tieren, wenigstens drei Besuche am Tag müssen sein. Nur dann bleiben die Kaninchen zutraulich und flüchten nicht in ihre Verstecke, wenn Sie sich nähern. Freilandhaltung erfordert große Sorgfalt, sowohl beim Gehegebau als auch bei der ausgiebigen Beschäftigung mit den Tieren.

Kaninchen können ruhig das ganze Jahr draußen leben, so lange sie ein solides Gehege und einen trocknen, isolierten Unterschlupf haben.

Nah am Haus

Das Freigehege steht am besten ganz nah am Haus, etwa an einer Terrasse oder unter einem Balkon, damit es auch bei Regen oder Schnee schnell zu erreichen ist und Sie die Kaninchen vom Fenster aus immer im Blick behalten. Direkt an einer Hauswand ist das besonders günstig, damit ersparen Sie sich zumindest an einer Seite die Versenkung des Gitters im Boden. Eine Südwand ist wegen der Hitzeeinstrahlung ungeeignet. Schutz auch vor zeitweiliger Sonneneinstrahlung durch Büsche oder Bäume ist vorteilhaft. Giftige Pflanzen dürfen nicht in der Nähe wachsen.

Die Anlage

Bei ganzjähriger oder saisonaler Freilandhaltung sollte es schon ein gut konzipiertes Gehege sein. Das kann eines der üblichen rechteckigen Gehege

Müde vom Spielen im Garten und an frischer Luft.

Wetterfeste Hütten gehören unbedingt ins Gehege, der Rest kann abwechslungsreich zu einer kleinen Landschaft gestaltet werden.

sein oder eins in Form eines Zeltes. Es ist viel Aufwand, ein Freigehege zu bauen, aber er lohnt sich, wenn Sie bedenken, dass Kaninchen zehn Jahre alt werden können. Folgendes ist zu beachten:

→ Rund um das Gehege wird der Boden 50 bis 60 Zentimeter tief ausgehoben. Hier wird das Gitter feststehend versenkt.

→ Das Gitter ist aus stabilem Maschendraht in Zooqualität, Maschengröße etwa 12 mal 12 Millimeter.

→ Das Gehege wird auch nach oben vollständig abgesichert, entweder mit Maschendraht oder durch ein straff gespanntes Netz.

→ Sie müssen aufrecht im Gehege stehen können, sonst wird die Beschäftigung mit den Tieren oder das Säubern des Geheges körperlich zu anstrengend.

→ Es muss natürliche Schattenplätze im Gehege geben.

→ Gegen Regen und Schnee sind Unterstände aufgestellt oder ein Teil des Geheges wird von oben mit einer Plane abgedeckt.

→ Es gibt eine gut isolierte Hütte für jedes Kaninchen, jeden Tag mit Heu frisch aufgefüllt, bei Kälte öfter.

→ Inspizieren Sie das Gehege täglich, prüfen Sie auch die gegrabenen Löcher. Schütten Sie sie zu.

→ Wenn Ihre Kaninchen nur in den freundlicheren Jahreszeiten ins Freigehege kommen, gewöhnen Sie die Tiere langsam an die Außentemperaturen und lassen Sie sie nicht gleich uneingeschränkt frisches Grün mümmeln.

→ Futter wird an geschützter Stelle ausgelegt.

Abwechslung

Da die Kaninchen die Bodenvegetation sicher bald gemümmelt, zerrupft und zertreten haben, streuen Sie zum Beispiel Rindeneinstreu (kein Rindenmulch) und Sand auf den Untergrund. Das lädt zum Buddeln ein.

Stellen Sie alles ins Freigehege, womit sich die Kaninchen beschäftigen können: Legen Sie einen kleinen Hügel an, versenken Sie Röhren halb im Boden, legen Sie einen Baumstamm auf den Boden, häufen Sie belaubte Zweige auf, stellen Sie einen Strohballen zur Verfügung. Tauschen Sie die Einrichtung öfter aus, vor allem aber, wenn sie nass geworden ist, splittert oder zu verschmutzt ist.

Beschäftigung für Kaninchen

Kaninchen in einer kleinen Gruppe und in einem großen, gut eingerichteten Gehege können sich auch ohne Anregungen durch den Menschen beschäftigen. Allerdings freuen sie sich auch, wenn Sie ein paar Spielideen mitbringen. Außerdem festigt es die Bindung zu den Tieren. Begeben Sie sich hinunter auf Kaninchenebene und machen Sie mit.

Kaninchen brauchen Anregung und Abwechslung.

Gut drauf

Setzen Sie sich auf den Boden und locken Sie die Kaninchen heran. Hüpfen sie zu Ihnen auf den Schoß? Helfen Sie mit einem Leckerbissen nach! Oder bauen Sie eine Hügellandschaft aus stabil aufgetürmten Backsteinen oder Kisten. Ein breites Brett dient als Aufstieg und oben wartet eine Überraschung. Wie wäre es mit den kleinen Stückchen Sellerie?

Drunter und drüber

Außer den Brücken, Tunneln und Halbhöhlen aus Holz oder Kork sind auch andere Gegenstände zum Versteckspielen geeignet. Etwa ein Hundekorb aus Weide mit einem kleinen Einstieg. Kaninchen kuscheln sich gern in so einen Korb, wenn er locker mit weichen Tüchern ausgelegt ist. Drehen Sie ihn um. Dann wird ein Unterschlupf daraus, Kaninchen machen sich ganz flach, um durch den Einstieg ins Innere zu kriechen. Oder sie benutzen den Korb als Plattform und hüpfen hinauf.

Verstecken spielen, zum Beispiel in einem Weidentunnel.

Im Labyrinth

Ein Karton mit einem Eingang lockt Kaninchen an, sie wollen ihn sofort erkunden. Stellen Sie mehrere Kartons auf und verbinden Sie alle so miteinander, dass die Ein- und Ausgänge nicht in einer gedachten Linie liegen, sondern dass es mal nach rechts, mal nach links, mal geradeaus von einem in den anderen geht. Wenn Sie hier und da Leckerbissen verstecken, wird das Versteckspiel noch verlockender.

Wühlarbeiten

Außer der Buddelkiste mit Sand, die unbedingt zum Kaninchenleben gehört, können Sie eine Wühlkiste anbieten. Sie wird mit leichten oder weichen, nicht fransenden Tüchern locker gefüllt. Wenn die Kaninchen in dieser Kiste wühlen, fliegen nicht gerade die Fetzen, doch die Tücher werden gründlich mit den Vorderpfoten bearbeitet. Eine andere Möglichkeit: Sie knüllen zerschreddertes Papier zusammen und legen es zu den Kaninchen in den Auslauf. So ein raschelnder Papierhaufen wird gern herumgeschubst und zerkratzt.

Waldgewirr

Stellen Sie große, frisch belaubte Zweige schräg aneinandergestützt auf, sodass ein Durchgang entsteht. In dieser Naturhöhle machen es sich Kaninchen auch gern gemütlich und bleiben dort hocken, naschen von den Blättern und von der Rinde. Geeignet sind die Zweige von Buche, Haselnuss, Apfel- oder Birnbaum, Erle, Weide oder Fichte, von den beiden Letzteren sollten die Kaninchen jedoch nicht zu viel naschen.

Kletterpartien

Es gibt Katzenkratzbäume in unterschiedlichen Ausführungen, mit einer Liegefläche oder einer Kuschelhöhle auf der unteren Ebene. Höher hinauf sollten die Kaninchen lieber nicht springen können. Hier finden sie beides vor: einen kuscheligen Platz und einen Aussichtspunkt.

Spiel mit mir!

Diese Spiele können Sie täglich mit den Kaninchen spielen, sie dienen als sportliche Betätigung und fördern den Kontakt.

Unten in Sicherheit, oben mit Heu zum Naschen.

→ Lassen Sie die Kaninchen an Leckerbissen schnuppern, etwa an einem frischen Möhrenstückchen, und verstecken Sie diese in einer Kiste, die randvoll mit Heu gefüllt ist. Jetzt darf jedes Kaninchen in der Kiste suchen. Wie schnell finden sie die Möhrenstückchen?

→ Binden Sie ein Sträußchen aus Wiesengräsern, Wild- oder Gartenkräutern, hängen Sie es so auf, dass die Kaninchen Männchen machen oder sich lang ausstrecken müssen, um daran zu zupfen.

→ Hinter Barrieren, etwa einem aufgestellten Backstein, einem Brett oder unter einem Spankörbchen, verstecken Sie Leckerbissen. Alle Kaninchen dürfen sich gleichzeitig auf die Suche machen. Wer nichts findet und leer ausgeht, bekommt den Leckerbissen aus Ihrer Hand.

KIDS Kaninchen sind sportlich

Balancieren

Wenn du auf einem Waldspaziergang einen etwa 15 bis 20 Zentimeter dicken Baumstamm findest, der sicher aufliegt und nicht wackelt, nimm ihn für deine Kaninchen mit nach Hause. Springen sie hinauf und lassen sie sich von einem Ende zum anderen mit einem Leckerbissen locken? Ohne Baumstamm geht es auch. Dann stellst du eine Reihe von Backsteinen hintereinander auf oder legst über zwei Backsteine ein Brett.

Kräfte messen

Manchmal rangeln Kaninchen sogar ein bisschen. Halt eine Hand vor ihnen auf den Boden, und sie folgen ihr, wenn du sie zurückziehst. Dann bewegst du sie wieder langsam auf die Kaninchen zu und tippst ihre Pfötchen an. Jetzt ziehen sie sich zurück. Und was gibt es danach? Einen Leckerbissen!

Hürdenlauf

Es gibt sogar Wettbewerbe für diese Sportart: Kaninhop ist für Kaninchen das, was Agility für Hunde ist. Dabei springen Kaninchen über kleine Hürden. Haben deine Kaninchen Lust dazu? Aus Fichtenzweigen baust du eine niedrige Hürde auf und zeigst ihnen von einer Seite aus einen Leckerbissen. Hüpfen sie zu dir auf die andere Seite?

Zum Sport gehört Fairness

Ohne Regeln geht es nicht, aber die werden von den Kaninchen bestimmt!
→ Beobachte deine Kaninchen bei dem, was sie von sich aus tun. Daran kannst du anknüpfen.
→ Warte ab, zu welcher Zeit am Tag sie am muntersten sind.
→ Kaninchen, die gerade beschäftigt sind, lässt du in Ruhe.
→ Die Kaninchen zeigen, ob sie Lust haben mitzumachen.
→ Sie entscheiden auch, wann sie keine Lust mehr haben.
→ Die Kaninchen werden nicht gezwungen, sondern nur mit kleinen Leckerbissen gelockt. Und die bekommen sie auch, wenn sie nicht mitgemacht haben.
→ Nimm dir Zeit, aber spiel nie zu lange mit deinen Kaninchen.

Kleines Beschäftigungsprogramm
Spielideen für kluge Kaninchen

Wo ist das Leckerchen? Und wie kommt man daran?

Was können Kaninchen? Wer seinen Tieren die Gelegenheit gibt, gemäß ihren Bedürfnissen zu leben, sie immer im Blick hat und gut beobachtet, wird bald erkennen, was in ihnen steckt. Die Bandbreite des Kaninchenverhaltens ist überschaubar (Seite 52), aber innerhalb dieser angelegten Fähigkeiten gibt es Unterschiede. Vor allem besteht die Möglichkeit, das eine oder andere Verhalten zu fördern – oder herauszufordern. Mit Belohnung und ruhigem Vorgehen, mit Geduld und Zeit sowie mit Rücksicht auf die Tiere werden Sie noch viel darüber erfahren, was Kaninchen können und mögen. Das zeigen sie Ihnen gern.

Hörzeichen

Das können Sie Ihren Kaninchen von Anfang an beibringen: Kündigen Sie sich mit einem bestimmten Pfiff an, wenn Sie den Kaninchen Futter hinstellen oder ihnen einen Leckerbissen mitgebracht haben. Der Piff wird nach einiger Zeit zu Ihrem Erkennungszeichen, und die Kaninchen kommen schon angehoppelt, wenn sie ihn nur hören.

Intelligenzspiel

Für Hunde gibt es Spiele, bei denen sie unter kleinen Deckeln oder in Kästchen versteckte Leckerbissen finden können. Stellen Sie mehrere Spankörbchen in einer Reihe auf, doch legen Sie nur unter einige einen Leckerbissen.

Farbtest

Können Kaninchen Farben unterscheiden? Sie brauchen leichte Papierbögen in verschiedenen Farben, etwa Rot, Grün, Blau oder Gelb. Legen Sie einen Leckerbissen immer in ein rotes Blatt, und knüllen Sie es zu einem kleinen Papierbällchen zusammen. Weil Kaninchen etwas, was nah ist, nicht gut erkennen und sie ja nicht sofort erschnuppern sollen, worum es jetzt geht, legen Sie die Papierbällchen in einiger Entfernung auf den Boden. Nun rufen Sie die Kaninchen heran. Mit Kratzen und Scharren werden sie die Papierbälle zerfetzen und dabei den Leckerbissen finden.

Wie vertraut sind Sie miteinander?

- ☐ Meine Kaninchen kommen heran, wenn ich sie rufe.

- ☐ Sie bleiben aber auch gelassen liegen, wenn ich zu ihnen gehe.

- ☐ Sie lassen sich gern von mir streicheln und sind entspannt.

- ☐ Ich weiß, was jedes meiner Kaninchen am liebsten frisst.

- ☐ Ich kann die unterschiedlichen Charaktere meiner Kaninchen beschreiben.

- ☐ Ich weiß, was meine Kaninchen von mir wollen, wenn sie mich anstupsen.

- ☐ Meine Kaninchen sind neugierig: Sie kommen, wenn ich etwas im Gehege mache.

- ☐ Sie kommen auch, wenn ich neue Gegenstände aufstelle.

- ☐ Meine Kaninchen haben ein großes Gehege und können den ganzen Tag frei herumhoppeln.

- ☐ Ich weiß, wie der Tagesablauf meiner Kaninchen ist.

Gelb oder rot? Kein Kunststück – mit guter Nase!

Wissen sie nach einiger Zeit, dass sich der Leckerbissen immer im Papier mit derselben Farbe befindet?

Zielsicherheit

Dafür brauchen Sie kleine Bälle, Ringe oder Rädchen – ungiftiges Katzen- oder Hundespielzeug eignet sich gut – und eine freie Fläche. Wenn Ihre Kaninchen richtig munter und zum Spielen aufgelegt sind, rollen Sie das Spielzeug über den Boden. Die Kaninchen hoppeln dann sicher gern hinterher, und es gibt auch Tiere unter ihnen, die das Spielzeug weiterschubsen oder sogar apportieren.

Bällchen schubsen und rollen lassen macht Spaß!

Verstehen und beschäftigen

Mit allen Sinnen

Riechen

Bei Kaninchen ist die Nase das wichtigste Sinnesorgan. Sie erschnuppern die Welt, ob es um Futter geht, um Artgenossen oder um Unbekanntes. Mit Geruchsspuren hinterlassen sie auch ihre Botschaften für andere Kaninchen. Manche Gerüche aus der Menschenwelt mögen sie nicht, etwa was scharf, beißend oder streng riecht.

Hören

Das Gehör ist ebenfalls ein wichtiger Sinn. An den Ohren ist bei Kaninchen abzulesen, wohin ihre Aufmerksamkeit gerade gelenkt wird: Die langen Löffel werden in Richtung der Schallquelle gerichtet. Vor lauten, schrillen, dröhnenden Geräuschen lassen sich ihre Ohren leider nicht verschließen.

Sehen

Was nah ist, erkennen sie nicht so gut, aber sie haben einen fast vollständigen Rundumblick. Und was sich in diesem Blickwinkel bewegt, nehmen sie sofort wahr. Farben erkennen sie kaum, zumindest unterscheiden sie jedoch Rot und Grün.

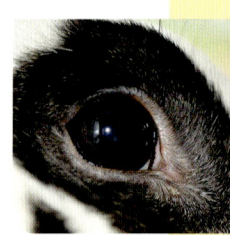

Schmecken

Leckermäuler wie Kaninchen haben natürlich einen ausgeprägten Geschmackssinn. Jedes Kaninchen entwickelt in dieser Hinsicht besondere Vorlieben, lässt sich aber gern von einer neuen Geschmacksrichtung überzeugen.

Fühlen

Die feinen Tasthaare an den Seiten der Nase und über den Augen signalisieren auch in der Dunkelheit, wo der Weg entlanggeht.

Immer mit Freilauf

→ Kaninchen müssen selbst entscheiden, wann sie sich bewegen und zurückziehen wollen. Es genügt nicht, dass der Mensch die Käfigtür für einige Stunden am Tag für sie öffnet.

→ Dafür brauchen die Kaninchen ein großes Gehege, in dem sie Sprünge machen und Haken schlagen, zusammen toben und rennen können. Entweder einen abgetrennten großzügigen Bereich in der Wohnung oder ein Freigehege.

→ Aus dem Gehege können die Kaninchen nicht ausbrechen und darin befindet sich nichts, was den Kaninchen gefährlich werden könnte.

→ Ein Gartengehege wird in alle Richtungen abgesichert und gut ausgestattet mit Schattenplätzen, überdachten Bereichen und Schutzhütten.

→ In das Gehege werden die Kaninchen nicht abgeschoben, sondern sie bleiben im Kontakt mit ihren Menschen.

→ Sollen die Kaninchen nur in den wärmeren Jahreszeiten im Gartengehege sein, brauchen sie auch ein großes Gehege in der Wohnung.

→ Sie werden allmählich an die Saison im Gartengehege und an frisches Grünfutter gewöhnt.

→ Das Gehege wird für sie so eingerichtet, wie es ihren Bedürfnissen entspricht.

Spielen und Anregen

→ Kaninchen suchen Verstecke und Unterschlupfmöglichkeiten. Dafür gibt es Kisten und Häuschen, Röhren und Tunnel.

→ Sie behalten jedoch auch gern den Überblick und springen auf erhöhte Plätze, etwa einen Baumstamm, aufgeschichtete Backsteine oder einen Strohballen.

→ Zum Nagen und Knabbern, zum Zeitvertreib und auch, um dort Markierungen mit der Kinndrüse anzubringen, brauchen Kaninchen Äste und Zweige.

→ Das festigt die Bindung zwischen Mensch und Kaninchen: Nahes Zusammenrücken beim Ankuscheln und bei gemeinsamen Spielen, etwa beim Sprung auf den Schoß oder beim Klettern auf den Rücken des Menschen.

Bildnachweis

120 Farbfotos wurden von Tatjana Drewka/Kosmos für dieses Buch aufgenommen. Weitere Farbfotos von Juniors Bildarchiv (3; S. 8 beide, 9), Mirko Luft (1; S. 12 o.), Alexa Munderloh (1; S, 18) und Verena Scholze/Kosmos (2; S. 58, 59).

Impressum

Umschlaggestaltung von eStudio Calamar unter Verwendung von zwei Farbfotos von Tatjana Drewka/Kosmos.

Mit 130 Farbfotos.

Unser gesamtes lieferbares Programm und viele weitere Informationen zu unseren Büchern, Spielen, Experimentierkästen, DVDs, Autoren und Aktivitäten finden Sie unter **kosmos.de**

Gedruckt auf chlorfrei gebleichtem Papier

© 2012, Franckh-Kosmos Verlags-GmbH & Co. KG, Stuttgart
Alle Rechte vorbehalten
ISBN 978-3-440-12524-3
Redaktion: Alice Rieger
Gestaltungskonzept: solutioncube GmbH, Reutlingen
Gestaltung und Satz: Atelier Krohmer, Dettingen/Erms
Produktion: Eva Schmidt
Printed in Germany / Imprimé en Allemagne

FSC
www.fsc.org
MIX
Papier aus verantwortungsvollen Quellen
FSC® C022125

Register

Meine Serviceseite